ここがすごい！

富山大学附属病院の
先端医療

富山大学附属病院 編著

バリューメディカル

「ここがすごい！ 富山大学附属病院の先端医療」 発刊にあたって

富山大学附属病院院長
林 篤志

皆さまこんにちは。

当院は約3年前に『ここがすごい！富山大学附属病院の最新治療』という本を出版いたしました。書店で販売されたこともあり、おかげさまで富山県内だけでなく県外の多くの方にも読んでいただくことができ、当院で行っている高度先進医療や先端医療をご理解いただくことができました。

当院は、富山県で唯一の特定機能病院として、高度先進医療と先端医療を提供し、安全な医療を提供する責務を担うとともに、地域医療の最後の砦となる医療機関であります。医学は常に進歩しており、3年前に出版した内容はもうすでに古くなっているものもあります。私たちはできるだけ新しい医療と当院の新しい診療内容について、皆さまにお伝えしたいと思っており、前回の続編となる『ここがすごい！富山大学附属病院の先端医療』をこのたび出版する運びとなりました。

特に今回は、新たに開設した診療科である、形成再建外科・美容外科とリハビリテーション科の診療情報も載せています。当院は富山県では、唯一のがんゲノム医療拠点病院に認定され、がんゲノム医療の取り組みなど新しい情報を満載しています。大学病院は、勤務する医師数が最も多く、コメディカルスタッフも多数在籍し、多岐にわたる部署で総合的に良質な医療を提供できるように努力しています。また、新しい治療を開発していく臨床研究の拠点でもあります。これら当院の機能をできるだけわかりやすくご紹介できるように本書を構成しました。そして、当院は地域の多数の医療機関と連携を密にとっており、連携医療機関からご紹介を受けたり、逆紹介をする際に、できるだけ円滑に行えるよう努力しています。連携医療機関も最後に掲載していますのでご参照ください。

今の時代は情報が溢れていて、一般の方には何が正しいのか判断に迷うこともあると思います。皆さまが正しい情報をもとに、当院の診療内容を理解して受診できるように本書が役立つと思います。本書が一般の皆さまの先端医療の理解につながり、当院の医療を必要とする方に必要な医療を提供できる一助となれば幸いです。

2020年5月

基本理念

大学病院としての使命と患者参加の重要性を認識し、
病める人の人権や個性を重視した
信頼される先進医療の実現を目指すとともに、
専門性と総合性を合わせ持つ
将来の医学発展を担う医療人を育成する。

目 標

- 病める人の人権や個性を重視し、良質で安全な心の通った暖かい医療を患者とともに作り上げる。
- 特定機能病院として、専門性と総合性の調和した先進医療を提供する。
- 関連する医療・行政機関との連携体制を構築し、地域医療や福祉の向上に寄与する。
- 総合的視野と高い専門能力を持った次代を担う医療人を育成する。
- 医学研究と先端医療の開発・推進に取り組み、医学の発展に貢献する。
- 病院業務の専門性を高め、すべての職員にとって働きがいのある職場・労働環境を構築する。

患者さんの権利   本院は、医の倫理と病院の理念に基づき、患者さんの以下の権利を尊重します。

- 個人の尊厳を保ちながら、良質の医療を受ける権利
- 十分な説明と情報提供を受け、自らの意思で治療選択・方法を決定する権利
- ご自身の診療情報の内容につき開示を求める権利
- プライバシー、個人情報の機密が保持される権利
- 人道的医療を受け、かつ、尊厳と安楽を保持される権利

■患者さんに守っていただきたいこと

- 適切な医療を受けるために、ご自身の健康状態等に関する情報は、可能な限り正確にお伝えください。
- 十分な情報と説明を医師から受け、診断・治療方針について、納得された上で治療を受けてください。
- 本院の職員からの診療に必要な指示を守ってください。
- 病院の療養環境を維持するために、業務の妨げとなるような行為をしないでください。
  迷惑行為や暴言・暴力行為があった場合は、診療をお断りさせていただく場合があります。
- 医療費の支払い請求を受けたときは、速やかにお支払いください。
- 病院のルールを守り、他の患者さんのご迷惑にならないようご協力ください。
  また、携帯電話・スマートフォンは使用可能区域でマナーを守ってご使用ください。

■患者さんにご協力いただきたいこと

- 本院では、経験のある指導者の下で、医学生・看護学生・薬学生や臨床研修医、看護師、救急救命士等が、
  法律で許された範囲で実習をさせていただきますので、ご理解とご協力をお願いします。
- 本院では医学の発展を目指した様々な臨床研究が行なわれており、ご協力をお願いする場合がありますので、
  ご協力いただける場合はよろしくお願いします。
- 皆様に安全な医療をお届けするために、治療を受けられる際にご自身で氏名（フルネーム）を名乗っていた
  だくなどの医療安全に向けた取り組みには、ご理解とご協力をお願いします。
- 特定機能病院や救急病院である本院の機能を果たす上で、緊急を要する重症の患者さんなどに対応するために、
  予定されていた手術や検査などの日程が、直前になって変更になる場合があります。また、外来においても、
  診療の順番が変更になる、あるいは長時間お待たせする場合があります。皆様のご理解とご協力をお願いします。

「ここがすごい！富山大学附属病院の先端医療」　もくじ

富大病院の先端医療——コラム

病院案内

＊本書掲載の情報は2020年5月現在のものです。

巻頭特集

富大病院の

最新トピックス

01 新型コロナウイルス感染症などの 新しい感染症への挑戦 ——総合感染症センター

総合感染症センター／感染症科／感染制御部
やまもと よしひろ
山本 善裕 教授

新興感染症とその対策

　2020 年に入り、新型コロナウイルス感染症という新しい感染症が中国から全世界に拡大し、大きな問題になっています。近年新たに確認された、公衆衛生上問題となっている感染症は、エボラウイルス感染症、エイズ、高病原性鳥インフルエンザ、新型インフルエンザ（H1N1）2009 など多くあります。今回の新型コロナウイルス感染症を含めて、1970 年以降に確認された新しい感染症を新興感染症と呼んでいます。

　人類は、新興感染症に対して、予防・診断・治療のあらゆる方面から多角的に研究を行い、抑え込んできています。特に、ワクチン、診断法、治療薬は、最新の科学を駆使して世界中で速やかに研究が進められ、対応してきています。

　一方、私たちひとりひとりが取り組む予防の考え方は、新しい感染症に対しても変わらず、決まっています。それは、標準予防策と感染経路別予防策です。感染経路別予防策の中には、空気予防策、飛沫予防策、接触予防策の３つがあります。これらをしっかり守ることが重要です。

ひとりひとりができる対策

　ウイルスをはじめとする病原体は目に見えないので、どの人のどの部分に付着しているか分かりません。標準予防策とは、「すべての患者」の「すべての部位」に病原体が存在するとみなして対処することです。具体的には、汗を除くすべての体液・分泌物・排泄物、粘膜、健常ではない皮膚、血液は感染性があるものとして対応します。空気予防策には、N95 マスクと呼ばれる特別なマスクが必要です。飛沫予防策では不織布（ふしょくふ）を用いたサージカルマスクで対応可能です。接触予防策としては、石鹸を使った手洗いやアルコールを用いた手指消毒を行います。

　さて、国や地域レベルでの対策の基本的な考え方を「図１」に示します。海外で新しい感染症が発生した場合には、まず日本国内になるべく侵入しないように、侵入を遅らせるように対策を開始します。空港や港で検疫や検査を強化する、いわゆる水際対策です。しかし残念ながら、今回のように国内に感染症が入ってくる場合があります。そのときに必要なことは、患者数増加のスピードを抑え、流行のピークを下げることです。これは国民の皆さまの協力が必要になります。ひとりひとりが感染対策をすることによって時間的余裕

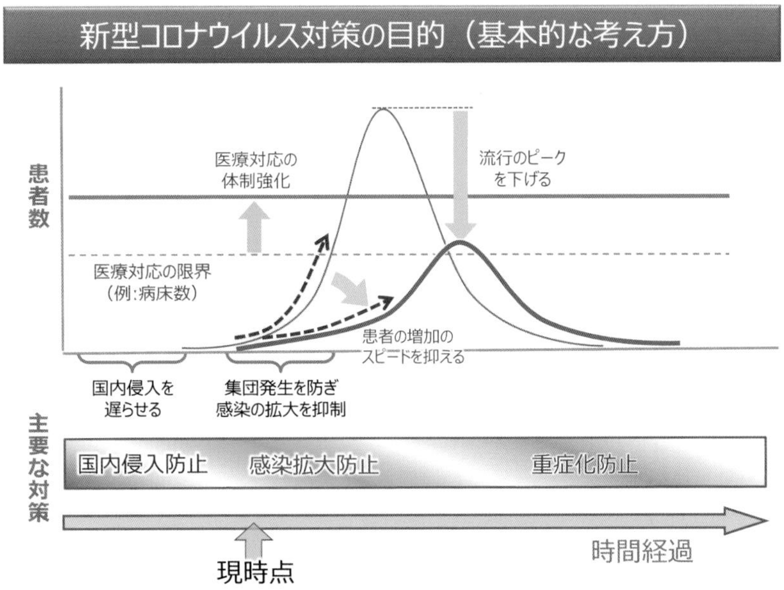

新型コロナウイルス対策の目的（基本的な考え方）

図1　新型コロナウイルス対策の目的（基本的な考え方）
出典：厚生労働省ホームページ　https://www.mhlw.go.jp/content/10200000/000603002.pdf

が生まれ、医療機関は体制を強化することが可能になります。このような時期には、少しでも不安がある場合はかかりつけ医などを受診したいという思いがあると思います。しかし、皆さまが一気に受診すると、通常の受診数をはるかに超えて、医療の機能がパンクする可能性が出てきます。また、皆さまが集まることによって、待合室等でかえって感染拡大する可能性があります。すぐには受診せずに、保健所、厚生センター等に電話で相談することが大切です。

新型コロナウイルス感染症のための対策

新型コロナウイルス感染症の対策は、飛沫予防策と接触予防策を十分に行うことが必要とされています。咳（せき）、くしゃみ、つばなどの飛沫は約２mの範囲で飛ぶといわれています。換気が不十分な屋内において、互いに手を伸ばしたら届く距離で長時間過ごすときには、マスク着用などの十分な対策が必要です。また、つり革や手すり、ドアノブ、スイッチなど、飛沫がついた場所を触った後は必ず手洗いが必要になります。

これまで国内で感染が明らかになった人のうちの８割の方は、他人に感染させていないことが分かりました。このことは、「図２」の上段のように１人の感染者から次々と感染が拡大しているのではなく、下段の

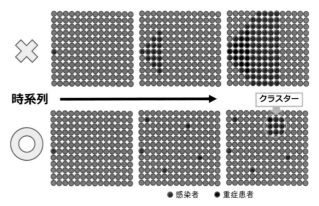

図2　クラスター発生の考え方

ように飛び火した場所で小規模な患者の集団（クラスター）が発生していると考えられます。このクラスターの抑制が最も重要です。「換気が悪く」「人が密に集まって過ごすような空間」「不特定多数の人が接触するおそれが高い場所」を避けることが重要です。

以上をまとめて、個人レベルで一緒にできる対策を以下に紹介します。

- 自分を守る：手指消毒と咳エチケット（マスク）
- 病院を守る：すぐに受診しない・まず電話相談、院内感染させない
- 地域を守る：高齢者と持病を持つ方たちを守る

ひとりひとりの心がけが地域と社会を守ることにつながります。ご協力よろしくお願いします。

02 ゲノム情報の がん医療への応用

──がんゲノム医療推進センター、遺伝子診療部

がんゲノム医療推進センター
はやし りゅうじ
林 龍二 教授

遺伝子診療部
にいみ ひでき
仁井見 英樹 部長

がんゲノム医療とは？

　皆さんは「がんゲノム医療」という言葉を耳にしたことがあるでしょうか？　この項ではできるだけ分かりやすく「がんゲノム医療」について解説します。

　今や日本人の２人に１人はがんにかかる時代といわれていますが、いまだに「がん」は難治性で常に新たな治療法の開発を必要としています。一方、ヒトの細胞の中には「ゲノム」と呼ばれる「細胞の設計図」の役割をする大切なものが入っています。実はがん細胞は、正常な細胞のゲノムに変化が起こることによって発生することが分かっています。このゲノムとは約30億個もの DNA という分子からできていて、その

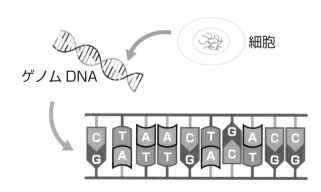

図1　ゲノムの構造

解析はとても手間暇のかかるものでした。しかし、最近の技術革新によって、ゲノム解析が昔に比べてはるかに速くできるようになりました。この解析を利用したものがゲノム医療と呼ばれ、細胞の設計図を解き明かすことで病気に立ち向かおうとするものです。

　さて、がん細胞はゲノムに変化が起こって発生するものでしたね。したがって、ゲノム医療を応用すればがん細胞の本体が見えてくるということになります。これが「がんゲノム医療」と呼ばれるものであり、わが国ではこれを強力に推し進めるため、がん細胞のゲノム検査を 2019 年から保険診療として開始しました。ただし、この検査はすべての医療機関で受けられるものではありません。厚生労働省に指定された特定の施設のみで受けることができます。富山大学附属病院はその中の１つ、「がんゲノム医療拠点病院」に指定され、独自に検査を完結させることができます。「がんゲノム医療」はがんの本質を捉えることによって、より効果的な治療法の開発につながることが期待されているのです。

3つの課題

　前述のように「がんゲノム医療」は将来的にがんの本質を見極め、より有効な治療開発につながることが

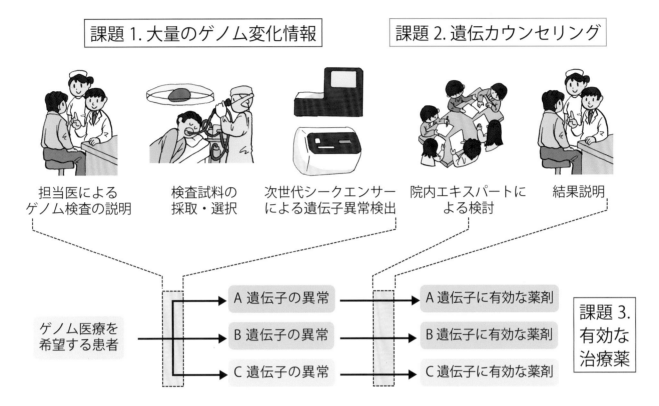

課題1. 大量のゲノム変化情報　　課題2. 遺伝カウンセリング

担当医による
ゲノム検査の説明　　検査試料の
採取・選択　　次世代シークエンサー
による遺伝子異常検出　　院内エキスパートに
よる検討　　結果説明

ゲノム医療を
希望する患者

A 遺伝子の異常 → A 遺伝子に有効な薬剤
B 遺伝子の異常 → B 遺伝子に有効な薬剤
C 遺伝子の異常 → C 遺伝子に有効な薬剤

課題3.
有効な
治療薬

図2　ゲノム検査の流れ

期待されています。しかし、現状ではまだ大きな課題が指摘されています。

　まず1つ目の課題はゲノムの情報量があまりにも多いということです。数えきれないほどのDNA分子を解析して、個々のがん細胞の特徴を知ろうとするのですが、ゲノムの変化は未知のものが多く、まだ完全にがん細胞の特徴を読み取ることができないのです。今後、ゲノム検査を数多く行うことにより、多くの情報蓄積ができ、がん細胞の真の姿が明らかになることが考えられています。2つ目の課題は遺伝性腫瘍の扱いです。このことについては後半で遺伝子診療部の仁井見先生が解説します。

　そして、第3の課題は有効な薬剤の不足です。がんゲノム検査によって、徐々にがん細胞の本体が解明されつつあります。しかし、残念ながらそれぞれの特徴を有するがん細胞に対しての最適な薬剤はまだまだ足りないのが現状です。近年、分子標的薬というまさにゲノムの変化に合わせた特効薬が開発されていますが、それは多くのがんのごく一部にすぎません。新たな薬剤の開発が急務です。がんゲノム検査を重ねるこ

とにより、がん細胞の特徴をはっきり捉えることが新薬開発の一番の近道だと思われます。

今後の期待

　2019年を「がんゲノム元年」と呼ぶ人もいます。まだ、発展途上にある「がんゲノム医療」ですが、当院でもこの検査を患者さんのために続けてまいります。そして、ついにはがん克服につながることを願ってやみません。

遺伝性腫瘍と遺伝カウンセリング

　がんはゲノムの変化に伴い、遺伝子が正常に機能しなくなった結果、起こる病気です。ほとんどのがんは、喫煙や生活習慣、加齢などが原因となり、元々正常だった特定の体細胞の遺伝子が後天的に変化することによって発生します。このようながん細胞にだけ起

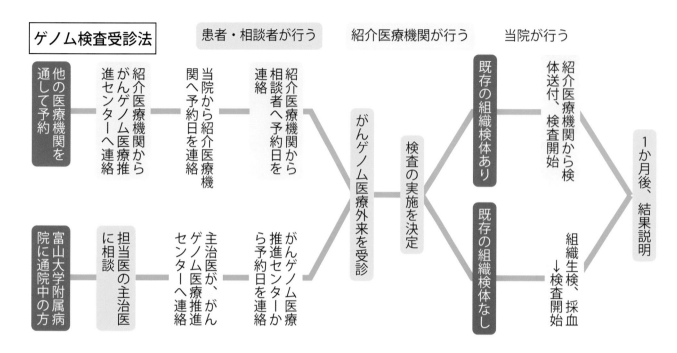

図3　ゲノム検査受診の実際

きた遺伝子の変化は、次の世代に遺伝することはありません。

　一方で、全身の正常細胞に生まれつき存在する遺伝子の変化が主な原因となり、発病するがんもあります。これらは遺伝性腫瘍と呼ばれます。精子や卵子の生殖細胞にも存在する遺伝子の変化なので、親から子へ遺伝する可能性があります。

　「がんゲノム医療」において遺伝子検査を行うと、がんになりやすい遺伝子を先天的にもっていることが分かる場合（二次的所見といいます）があります。つまり、遺伝性腫瘍の発病に関連した遺伝子の変化が見つかることがあります。この場合、遺伝性であるために患者さんの血縁者も同じ遺伝子の変化を有している可能性があります。そこで、二次的所見として得られたゲノム情報を患者さんのみならず、血縁者の健康管理に役立てることも可能となります。遺伝子診療部では、遺伝カウンセリングを通して二次的所見に関するさまざまな心配や疑問への相談に対応し、一緒に最善の解決法を考えます。

遺伝カウンセリングとは？

　遺伝カウンセリングとは、遺伝がかかわる疾患の患者さん・家族またはその可能性のある方に対して、生活設計上の選択を自らの意思で決定し行動できるように支援する医療行為です。そのため、必要に応じて遺伝子診断を行い、遺伝医学的な判断に基づき遺伝予後などの適切な情報を提供します。具体的には、遺伝カウンセリングを受ける人が、

① 診断、疾患のおおよその経過、実施可能な治療法などを理解する
② その疾患に関与している遺伝様式、および特定の血縁者に再発するリスクを正しく知る
③ 再発のリスクに対応するための幾つかの選択肢を理解する
④ 適切と思われる一連の方策を選択でき、その決断に従って自ら実行できるようになる

ことを支援します。実際の遺伝カウンセリングでは、分かりやすく十分な情報を伝えるために、専門スタッ

写真　当院の遺伝子検査室

フが相互にコミュニケーションを取りながら丁寧に説明します。皆さんと一緒に考え、診療科とも連携しながら皆さんをサポートしていきます。また、個人情報やプライバシーに関しては厳重に管理されていますので、安心して相談してください。

遺伝子診断と遺伝カウンセリングの体制

　遺伝子診断とは、病気にかかわる遺伝子を調べ、遺伝医学的な見地から結果を分析して診断するものです。遺伝子診療部では、外部の検査機関や当院の検査部遺伝子検査室（写真）と連携して遺伝子診断を行います。実際に遺伝子診断を行う場合、先ずは検査に関する説明を行って同意いただいた後、少量の血液からDNAを抽出して疾患に関連する遺伝子を解析します（図4）。遺伝子検査の結果は決して外部に漏れないよう厳重に管理されています。

　遺伝子診療部では遺伝医学の専門家である臨床遺伝専門医・認定遺伝カウンセラー等の各スタッフが、それぞれの専門性を生かして遺伝カウンセリングを行う

Pro273 → deletion

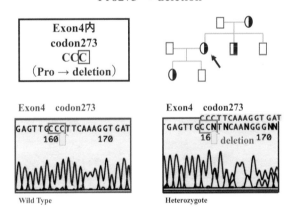

図4　遺伝子の解析例

体制をとっています。遺伝カウンセリングは完全予約制で、原則自費診療（保険外診療）になります。初診8,800円（1時間につき）、再診4,400円（30分につき）です。健康保険に収載された遺伝学的検査については、保険診療として対応できる場合もあります。詳細は遺伝子診療部ホームページ（「富山大学遺伝子診療部」で検索）をご覧いただくか、または病院スタッフにお尋ねください。

03 膵がんなどの膵腫瘍に関する新しい検査・治療
——膵臓・胆道センター

第二外科（消化器外科）
よしおか いさく
吉岡 伊作 特命講師

第二外科（消化器外科）
ふじ い つとむ
藤井 努 教授

膵臓・胆道センターを開設しました

　膵がんなどの膵臓・胆道疾患の診断・治療は大変難しいことが多い領域であり、専門的な知識と技術が必要となります。専門家でなければ膵がんや胆道がんは、その兆候があっても正しい診断を得られず、手術も一般的な外科手術と比較して難しく、切除不能と判断されてしまうことがまれではありません。医療の進んだ現在においても、最も難治性のがんとされています。

　富山大学附属病院では2018年9月に膵臓・胆道センターを開設しました。この分野の外科、内科などの専門家がそろった施設は北陸のみならず、日本全国をみてもほとんどない、専門的なセンターです。

膵がんなどの膵腫瘍に関する検査

　膵がんなどの膵疾患の検査として腹部超音波、CT、MRIなどがありますが、最も威力を発揮するのは"超音波内視鏡検査"です。CTなどでは分からないような小さな膵がんを発見することができ、針生検で細胞・組織を採取して正確な診断を得ることができます（図1）。

　膵がんを早期に診断するためには、この超音波内視鏡検査が必須といっても過言ではありませんが、この

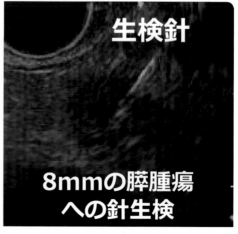

生検針

生検針

8mmの膵腫瘍への針生検

図1　超音波内視鏡と針生検所見

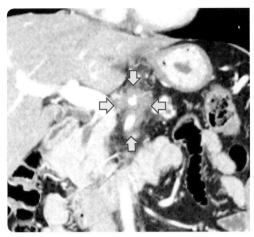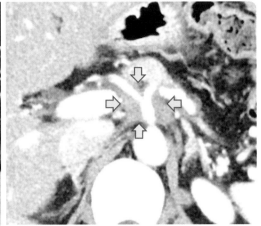

図2　腹腔動脈・上腸間膜動脈浸潤を伴う膵がんの CT 所見

検査は極めて専門的です。

　当センターの安田一朗教授はその第一人者で、さまざまな膵疾患に対してこの検査を実施しており、正確な診断を得ることでタイミングを逃さず適切な治療を行うことができます。ほかに膵臓内の主膵管に挿入して、病気の診断・進展範囲を把握する膵管鏡や、通常の内視鏡では到達できない腹部手術後の膵臓への検査を可能とするバルーン内視鏡などもあります。当院にはこれらの内視鏡機器が整備されており、この機器を専門家が駆使して診断を行っています。

膵がんなどの膵疾患に対する手術

　膵臓の手術を安全確実に行うにも専門的な知識技術が必要不可欠です。膵臓は腹部の奥深くにあり、周囲には重要な大血管が多く存在します。この血管を傷つけずに病気を含めた膵臓を切除する必要があり、また膵がんはこれら血管に浸潤することが多く（図2）、動脈や門脈合併切除再建が必要となりますが、これを安全に行うことができる外科医は多くありません。

　当センターの藤井努教授は膵がん手術のエキスパートであり、他院で手術不能と判断された膵がんを数多く切除しています。最近の研究結果による手術と抗がん剤を組み合わせた治療や、一般的には切除不能と判断されるような進行膵がんに対し、抗がん剤、放射線治療を組み合わせての血管合併切除（図3）を積極的に行っています。

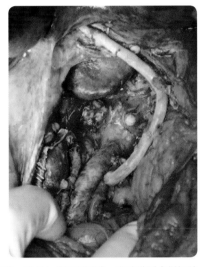

図3　膵がん（図2症例）　腹腔動脈合併切除
　　　左胃動脈、肝動脈再建

　この分野で最難関である資格、肝胆膵外科学会高度技能医が富山大学には4人在籍しており、これは北陸4県でも最多です（2019年12月現在）。また、2019年には膵切除を100例以上施行しており、これは北陸4県でも過去最高であり、この数の手術を行っているのは国内でも十数施設しかありません。

乳房治療
新たな選択肢の登場
——乳がん先端治療・乳房再建センター

消化器・腫瘍・総合外科
松井 恒志 第二外科 診療講師

形成再建外科・美容外科
佐武 利彦 特命教授

チーム医療を目指すセンター

医療の進歩とともに乳がんの治療もさまざまな分野の検査、治療があり、たくさんの専門的技術が必要となります。乳がん先端治療・乳房再建センターでは多くの部門が密に連携して、乳がん診療に特化しチーム医療として治療体制を提供できます。それぞれの部門について紹介します。

○外科部門：乳がん手術を担当します。

乳房部分切除、乳房全切除を中心とし、蛍光法およびRI法を併用した最新のセンチネルリンパ節生検も提供しています。この方法により術前化学療法後でも正確なセンチネルリンパ節生検が可能です。最新の治療として遺伝性乳がん卵巣がん症候群（HBOC）の方へリスク低減乳房切除術（RRM）が可能です（詳細後述）。また、乳がん看護認定看護師による心理的サポート、意思決定の支援、術後リハビリ・リンパ浮腫予防などのセルフケ

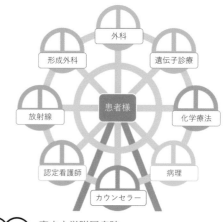

富山大学附属病院
乳がん先端治療・乳房再建センター

図1　乳がん先端治療・乳房再建センターのチーム医療

	人工物 （シリコン・インプラント法）	自家組織 （穿通枝皮弁法）	自家組織 （脂肪注入法）
保険適用	保険適用があります	保険適用があります	保険適用がありません（自費診療）
利点	・新たな傷痕が増えません ・短い手術時間	・温かく軟らかく自然な乳房形態 ・1回の手術で同形同大の乳房ができます	・温かく軟らかく自然な形態 ・新たな傷痕が増えません ・短い手術時間　・日帰り手術
欠点	・触感は冷たく硬い ・感染、露出、被膜拘縮（変形・疼痛など）、BIA-ALCL*のリスクがあります	・長い手術の傷痕 ・長い時間手術 ・血行障害のリスクがあります	・治療回数が3回以上必要 ・感染や脂肪壊死のリスクがあります

*BIA-ALCL（乳房インプラント関連・未分化大細胞型リンパ腫）：　乳房に似た形態で、表面がざらざらしたタイプのシリコンインプラントによる再建術・豊胸術を受けた患者さんから発症する非常に稀な疾患です。日本では2019年7月より、このタイプの人工乳房を用いた乳房再建は行われなくなりました。再建後の患者さんは定期的な経過観察が必要となります。

図2　乳房再建の方法

ア支援を行っています。

〇形成外科部門：乳房再建を担当します。

　乳房再建で失った乳房を美しく治すことが可能で、患者さんの生活の質 "Quality of Life" の向上に貢献します。患者さんの状況により、がん手術と同時に再建を行う場合と、しばらく経過してから再建する場合があります。また再建法には自家組織再建（穿通枝皮弁法・脂肪注入法）、人工物再建（インプラント法）など、患者さんの希望に沿った選択が可能です。

〇遺伝子診療部門：遺伝性乳がんの診断や遺伝カウンセリングを担当します。

　乳がんや卵巣がんになりやすい遺伝性乳がん卵巣がん症候群（HBOC）の検査を行うだけでなく、認定遺伝カウンセラーによる遺伝に関する心理的・社会的影響、倫理的な課題などを患者さんあるいはその家族へ分かりやすく説明する遺伝カウンセリングが可能です。

〇がんゲノム・集学的がん診療部門：薬物治療や緩和ケアを担当します。

　最新の抗がん剤や分子標的治療薬、免疫チェックポイント阻害剤を積極的に導入しています。また、がんゲノム医療拠点病院を担っており、がん遺伝子パネル検査にて遺伝子変異に合わせたがん治療も可能です。

〇放射線部門：画像診断や乳房照射などの治療を担当します。

　術前にがんの進行度を把握するために、CT検査やMRI検査を行います。3Dマンモグラフィも導入し "高濃度乳腺" においても乳がん検出能が向上しています。

〇病理部門：乳がんの病理的診断を担当します。

　乳房のしこりや分泌物の原因を判断し良性、悪性を診断します。また、乳がんの種類や性質、広がりや進行状況を診断し、術前術後の補助療法の必要性を判断します。

最新の検査

・遺伝性乳がん卵巣がん症候群（HBOC）の診断ができます。乳がんの5〜10%がこのHBOCで、乳がんや卵巣がんになりやすいことが知られています。確定診断するためにはBRCA1/2検査が必要です。この検査には患者さんの状況によって、自費診療と保険診療に分かれますが、いずれも対応可能です。

・「Oncotype DX検査」は、術後の補助療法としての "抗がん剤が効果的かどうか"、また、"10年間の再発リスクを予測する" 検査です。多遺伝子診断検査として21遺伝子群の発現を分析し、検査結果をもとに、患者さん一人ひとりへの治療計画を個別に判断することが可能となります。

・「がん遺伝子パネル検査」はがん組織を用いて、"次世代シークエンサー" にて100以上の遺伝子を同時に調べます。遺伝子変異が見つかった場合には、複数の専門家で構成された委員会（エキスパートパネル）によって検討され、効果が期待できる薬があるかどうかを探索します。ただし、この検査は誰でも受けられるわけではなく、また、検査を受けても必ず治療法が見つかるわけではありませんので、希望がある場合は一度ご相談ください。

・「3Dマンモグラフィ（トモシンセシス）」を導入しています。この3Dマンモグラフィを用いることで、がんの発見率の増加と良性疾患を正確に診断する能力が向上しています。特に日本人に多い "高濃度乳腺" においても乳がん検出能が向上しています。

最新の治療

・遺伝性乳がん卵巣がん症候群（HBOC）で、すでに乳がんを発症した場合は、反対側の乳房ががんになる前に予防的に切除するリスク低減乳房切除術（RRM）というものがあり、この治療が保険診療となりました。また、HBOCと分かっていて、まだがんを発症する前にも両側のRRMを施行し、乳がんを予防する治療（アンジェリーナ・ジョリーさんが受けた治療として有名）が可能です。

　さらに形成外科部門にて同時再建も可能で、再建方法も血行再建を伴った自家再建を行うことができ、軟らかく自然な形の乳房を作ることができます。

05 手術支援ロボット「ダビンチ」を用いた体にやさしい手術
——泌尿器科

泌尿器科
きたむら ひろし
北村 寛 教授

手術支援ロボット「ダビンチ」とは？

　内視鏡下手術支援ロボット da Vinci(ダビンチ)を用いた手術は、低侵襲性と精密性を両立した画期的な手術です。医師の目となる内視鏡や、ロボットアームの先端に取り付けた指先同様の動きをする鉗子が、トロカー(内視鏡用ポート)を通じて患者さんの体内に入り、医師は画面に映し出される3D画像を見ながら、鉗子を自分の手のように動かして手術を行います。患部の様子は立体的に捉えられ、先端の動きは大変緻密で、人間の関節に近い、細かい動きを行うことができます。手術に合わせた専用の器具を自在に動かせるため、細い血管や神経などの縫合も容易に行えます。つまり従来の内視鏡手術では難しかった手術も可能となります。

どんな治療に使われていますか？

　前立腺がんに対する前立腺全摘除術と、腎臓がんに対する腎部分切除術が最も多く、これらの手術で全体の8割以上を占めています。2018年からは膀胱がんに対する膀胱全摘除術にも保険が適用となり、当科ではこれらの病気に対する標準治療として、ダビンチ手術を提供しています。

　例えば前立腺がんの手術だと、開腹手術と比べて出血量が10分の1で済みます。また手術後は尿失禁が起

写真1　ダビンチ Xi サージカルシステム　©2020 lituitive Surgical, Inc.

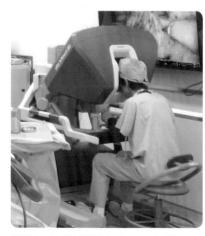

写真2　術者が手術を行っている様子

写真3　ダビンチで折り鶴を作っているところ

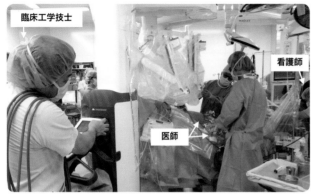

臨床工学技士

看護師

医師

写真4　ダビンチ手術のセットアップ風景（ロボットをドッキングするところ）

こるのですが、ダビンチで手術をすると失禁が軽度で回復が早いという特長があります。腎臓がんの手術では、従来の手術と比較して腎臓の機能を低下させにくい長所があります。膀胱がんの手術では、術後合併症の減少と食事開始までの期間短縮が認められています。

　いずれの手術も、がんをしっかり切除する点において、従来の手術と同等かそれ以上の効果があることが知られています。2020年からは、骨盤臓器脱や腎盂尿管移行部狭窄（じんう にょうかん いこう ぶ きょうさく）といった良性疾患にも、保険診療としてこの手術を実施することが可能となりました。

当院での実績

　当院では2016年より前立腺がん、2017年より腎臓がん、さらに2019年からは膀胱がん、肺がん、縦隔腫瘍（かくしゅよう）、結腸・直腸がんに対するダビンチ手術を開始し、順調に運用しています。前立腺がん、腎臓がん、膀胱がんの手術は北陸屈指の手術件数を誇り、特に腎臓がんの手術では、全国で15番目に多い件数となっています。最近の治療成績は、86％の患者さんで「切除断端陰性＋腎機能保持＋合併症なし」の3目標を達成し、現在まで全例無再発です。2020年8月からは、ダビンチ専用手術室が増設され、さらに多くの患者さんにこの手術を受けていただける体制になります。

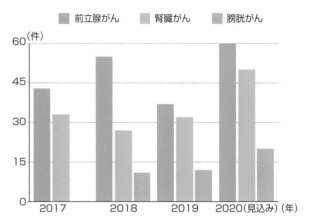

（件）

前立腺がん　　腎臓がん　　膀胱がん

図　当院における前立腺がん、腎臓がん、膀胱がんダビンチ手術の年間件数

患者さんの QOL 向上のために

　ダビンチ手術は手術の傷を大きくしないため、痛みが軽い、手術後の回復が早い、体に大きな傷あとが残らない、などのメリットがあります。体にやさしく、QOL（クオリティ・オブ・ライフ＝生活の質）の向上に貢献することが期待されます。

　当院では泌尿器科だけでなく、消化器外科や呼吸器外科でもダビンチ手術が導入され、順調に稼働しています。今後は産婦人科や耳鼻咽喉科などの領域にも活用の場を広げていく予定です。

コラム

ダビンチ手術を安全確実に実施するために

ダビンチ手術を予定通りに実施するために、さまざまなスタッフが活躍しています。中でもダビンチ本体を起動し、確実に作動させ、安全に手術を完遂するために、臨床工学技士が欠かせません。日頃から機器をしっかりメインテナンスしているため、当院では機械トラブルによる予定手術の中止や作動中の停止は、今までに1件もありません。また看護師はダビンチに装着する手術器械の準備だけでなく、患者さんの体位を常時確認し、無理な力がかかっていないかどうかをチェックしています。さらに麻酔科医はダビンチ手術中の全身麻酔と呼吸、循環動態を中心とした全身管理を行います。

このように、外科医以外のスタッフの働きがあってこそ、手術を安全確実に行うことができるのです。ダビンチ手術にかかわるスタッフのチームワークの良さも当院の強みです。

06 糖尿病の多様性に対応できる全領域をカバーした診療
——糖尿病センター

糖尿病センター
とべ かずゆき
戸邉 一之 センター長

糖尿病センター
やぎ くにまさ
八木 邦公 副センター長

生活療養指導など、幅広い診療をチームで実践

富山大学附属病院・糖尿病センターは糖尿病だけでなく、その合併症を含めて幅広く診療し、糖尿病が出てくる前のメタボリック症候群の段階から統合的に生活療養指導を行うために2019年4月に設立しました。

"糖尿病"と一言で言いますが、これは単なる1つの疾患ではありません。"糖尿病"の中には1型、2型といった全く異なる病態が含まれます。また小児から高齢者まで幅広い世代に起こります。"糖尿病"に併せて起こる合併症もあります。

さらには、併発しやすいがんなどの悪性疾患なども加わり、実にさまざまです。このように多様性をもつ"糖尿病"を"金太郎あめ"のように画一的に治療することはできません。

糖尿病を治療するためには、全身を通しての診療が必要となります。心臓、脳を含めた全身の血管に目を届かせ、糖尿病で多いがんを見逃さないことは前提です。またその治療にあたっては、医者が薬や注射を処方すれば済むものではなく、療養生活についての看護師の指導、食事についての管理栄養士の指導、運動に

ついての理学療法士の指導と多職種の協力が必要となります。

患者さん一人ひとりに合わせた治療方針や指導

当センターは大学病院でこそ可能な、多くの専門医や専門職が連携して1人の患者さんに対処できる体制によって、一人ひとりの"糖尿病"に合わせたきめ細かい治療方針や指導を行います。さらに当センターは糖尿病学会と連携しつつ、富山県内の糖尿病にかかわる病院や診療所に対して、新しい情報を届ける中心としても機能します。以下に部門構成を示します。

1）精密血糖評価介入外来（リブレ外来）
2）先進1型糖尿病外来
3）高度肥満症治療外来
4）特定保健指導・重症化予防指導外来
5）心血管合併症・脂質管理外来
6）遺伝性糖尿病カウンセリング外来

ここでは具体例として、1〜4について説明を行います。
1）精密血糖評価介入外来：最近使われるようになってきた持続血糖モニタリング機械の名前から、通称「リブレ外来」とも呼ばれます。持続皮下

グルコース測定機（リブレ）を用いることで、HbA1cや自己血糖測定では分からなかった高血糖、低血糖、グルコース変動幅などを解析し、"糖尿病療養指導士"の資格を持った栄養士・看護師が指導を行うことで、患者さん自身の食事・運動・薬物療法の効果や影響への理解を深め、患者さんが取る行動が変わるようにします。

2）先進1型糖尿病外来：インスリンポンプ療法も進化しており、当院でも低血糖前に自動停止する機能(スマートガード)を備えた最新機種を用いた治療を提供しています。さらに通常診療を超えた先進的な医療も提供します。1型糖尿病の原因である「自己免疫」を制御して、自己のインスリン分泌を保持させることを目的とした「発症早期1型糖尿病に対する免疫修飾療法」の臨床試験、膵臓（すいぞう）のインスリン分泌細胞を移植する「膵島移植（すいとういしょく）」のための国内の移植実施施設への紹介などです。

3）高度肥満症治療外来(ベストウエイト外来)：内科、外科、精神科、麻酔科、栄養科、理学療法科、看護師がチームとなって、皆さんをサポートしていきます。2020年度からは肥満外科治療としてスリーブ状胃切除術も実施しています。

4）そもそも糖尿病を発症させないための生活習慣の指導も社会としては必要になります。これまで大学病院が担ってこなかった部分ですが、地域からの要望を受けて特定保健指導・重症化予防指導を行います。

増加する糖尿病患者さんへの診療体制

高齢化する糖尿病の患者さんでは、若い患者さんの治療の中心であるカロリー制限より、筋肉量が落ちてしまうサルコペニアへの対策が重要となります。サルコペニアの予防には、まず筋肉量を簡単にかつ正確に

繰り返して評価することが求められます。そのため当センターでは体組成計を導入し、その結果を活用しての指導を行っています。

糖尿病患者さんは近年爆発的に増加しているわけですが、富山県にも10万人前後の糖尿病症例がおられると推定されています。当センターは、県内の多数の診療所や病院と連携を取りつつ、紹介いただいた患者さんを中心に病態を明らかにして、その方に応じた適切な治療や療養指導を導入し、元の診療所に戻った後も定期的に評価を行える体勢を整えています。治療方針が確立していると思われる症例でも、専門家の目を通して問題がないかを検討する意味はあると思います。

写真　診療の様子

糖尿病センターのロゴマークは、世界糖尿病デーのシンボルである「ブルーサークル」と富山県の県花であるチューリップ（花言葉は「思いやり」）を示します。3本のチューリップは「団結」「生命」「健康」を示します。思いやりの気持ちをもち、団結して富山県の糖尿病診療を進めていきます

07 重症心不全に対する包括的な治療とは？ ——循環器センター

第二内科（循環器内科）
いまむら てるひこ
今村 輝彦 講師

第二内科（循環器内科）
うえの ひろし
上野 博志 講師

第二内科（循環器内科）
きぬがわ こういちろう
絹川 弘一郎 教授

重症心不全とは？

はじめに、心不全とはどのような状態を指すのでしょうか？　心臓は血液を全身に限なく送るためのポンプの機能を担っています。さまざまな原因によって、心臓のポンプとしての働きが弱ってしまった結果として、全身に必要な血液を送ることができていない状態を「心不全」と呼びます。人口の高齢化や食生活の欧米化など、さまざまな理由によって、心不全の数は爆発的に増えているのが現状です。

心不全を治すためには、心不全そのものに対する治療も必要ですが、心不全の原因となる心臓の病気の治療も必要になってきます。当センターには、さまざまな心臓の病気のエキスパートが揃っています。意見を寄せ合いながら、それぞれの患者さんに最適な治療の組み合わせを提供しています。

しかしながら、病気の進行とともに、従来の治療には反応しにくい重い心不全をもつ患者さんも少なからずいます。このような患者さんに対しても、当センターでは「ハートチーム」を結成することで、科の垣根を越えて最先端の治療を提供しています。

補助人工心臓治療とは？

「補助人工心臓治療」というのは、心臓にポンプを植え込むことで、患者さん本人の心臓が全身に血液を送ることを手助けする治療法です。ポンプが体の外に出ているタイプと（図１）、ポンプが体の中に植え込まれるタイプとに分かれます（図２）。特に、ポンプが体の中に植え込まれるタイプの装置に関しては、富山県内で唯一、富山大学だけが治療を行う承認を得ており、現在、さまざまな種類の装置が開発されています。

また、足の付け根などからカテーテルを入れて心臓

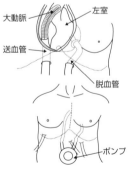

図１　体外式補助人工心臓
体の外に置かれたポンプの力で血液を心臓からポンプに移動させ、ポンプから大動脈に戻すことによって患者さんの弱った心臓のはたらきを助けます

図2　植込型補助人工心臓
さまざまなタイプの機械が開発されていて、より小型で高性能なタイプが使えるようになってきました

（画像提供：日本アピオメッド株式会社）

図3　カテーテルによる補助人工心臓
足の付け根からカテーテルを入れることで、心臓のはたらきを助ける小型のポンプを、胸を開けることなく心臓の中に入れることができるようになりました

の中に通すことで心臓のポンプ機能を助ける治療装置も最近国内で使えるようになり（図3）、当センターは北陸地区で最も多くこの治療を行っている施設です。心不全の重症度に合わせて、最適な治療を提供しています。

経皮的僧帽弁形成術

「僧帽弁閉鎖不全症（そうぼうべんへいさふぜんしょう）」とは、僧帽弁の閉まりが悪くなり血液が逆流する病気です。通常は外科医が開心術によって治療しますが、心臓の機能が低下していたり、高齢など、ほかに合併症があるために手術リスクが高い場合には、カテーテルによる治療が行えるようになりました。カテーテルの先端につけたクリップを足の付け根の静脈から心臓まで持ち込み、僧帽弁の先端をクリップでつまむことで逆流を制御する治療法です（図4）。

　胸を切らないために体への負担が小さく、これまで手術を受けることができなかった患者さんでも十分に耐えうる治療となっています。わが国では2018年より治療が始まり、北陸地区では現在当センターでのみ可能となっています。

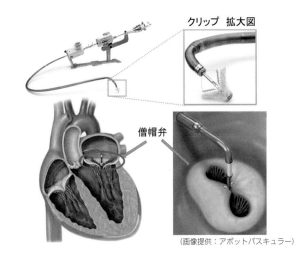

クリップ　拡大図

僧帽弁

（画像提供：アボットバスキュラー）

図4　経皮的僧帽弁形成術
足の付け根から心臓までカテーテルを入れることで、広がった僧帽弁を小型のクリップで閉じて、逆流を治します

包括的脳卒中センター始動
～皆さんを脳卒中から守る!
——包括的脳卒中センター

脳神経外科
秋岡 直樹 診療准教授
（あきおか　なおき）

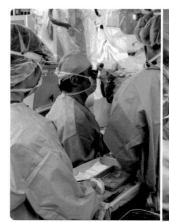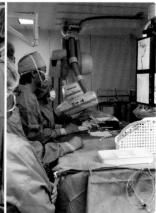

写真　顕微鏡手術（左）とカテーテル治療（右）の様子

脳卒中医療の向上に 脳卒中センターを開設

　「脳卒中」と呼ばれる病気には、脳の血管が詰まる脳梗塞、脳の血管が破れて出血する脳出血やくも膜下出血があり、直前まで元気にしていた人が突然倒れてしまう恐ろしい病気です。脳卒中はがん、心疾患、肺炎とともに日本人の主要な死因の1つであり、寝たきりになる原因の3割が脳血管疾患です。全国的に高齢化が進んでいる中、脳卒中の予防や診療体制の整備には、これまで以上に注力すべき時代を迎えています。このような状況を背景に、富山県における脳卒中医療をさらに向上させるため、富山大学附属病院では2018年4月に「包括的脳卒中センター」を開設しました。

　脳卒中治療には、薬物による内科的治療、開頭手術などの直接外科治療、カテーテルを用いた脳血管内治療があります。「包括的」とは、そのすべてを高いレベルで行うという意味を含んでおり、当センターは十分にその役割を果たす医療スタッフ、設備を整えています。

　具体的には急性期脳梗塞に対する脳血栓回収療法、くも膜下出血の急性期治療や難易度の高い脳動脈バイパス併用手術、動静脈奇形塞栓術・摘出術、神経内視鏡を用いた血腫除去手術など、治療方法は多岐にわたります。緊急性の高い脳卒中治療においては、迅速な

対応の有無が患者さんの予後を左右しますが、当センターは開設以来、24時間365日即応できる体制を維持しています。当院は高速道路のICも近くヘリポートも備えているため、県内全域をカバーしており、さらに岐阜県飛騨地区、新潟県糸魚川地区からの救急も受け入れています。

1．急性期脳梗塞に対する脳血栓回収療法

　脳梗塞は脳の動脈が詰まり、血流が途絶えることによって脳細胞が障害を受ける病気です。突然片側の手足が動かない、言葉がしゃべれない・理解できないといった症状が出現します。そのまま数時間放置すると完全な脳梗塞となり、後遺症を残すことになります。

　したがって、症状に気づいたらすぐに救急車を呼び、病院を受診することが肝要です。来院後は即時にCTやMRIを実施して、適応があれば緊急で脳血栓回収療法を行います（図1）。足の付け根の血管から頚動脈までカテーテルを入れ、そこから血栓を取り込むステント（柔らかい網状の筒）を脳の血管に送り込み、ステントで血栓を捕まえて回収します。患者さんの状況により、発症から16時間以内であれば脳血栓回収療法が有効であるとされています。

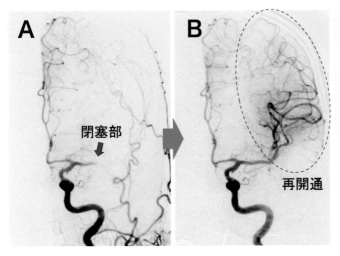

図1　脳血栓回収療法
A) この方は突然の右完全片麻痺、全失語症、意識障害で発症しました。脳血管撮影では右中大脳動脈（矢印）が閉塞しています
B) 無事に血栓が回収でき、脳血管の血流が再開しています。治療直後から患者さんの意識障害と右片麻痺は改善しました
C) ステントによって回収された血栓

　2018年度の当センターの実績では、来院から脳血管を再開通させるまでに要した時間は平均97分であり、全国平均と比べて短時間での対応を行うことができました。いずれも重症の脳梗塞であったにもかかわらず、約6割の方が1か月後には歩行可能となるまでに回復しました。

2．くも膜下出血の急性期治療

　くも膜下出血の原因の大部分は脳動脈瘤（のうどうみゃくりゅう）の破裂です。出血は脳の表面を急激に広がり、脳全体に強いダメージを与えます。脳動脈瘤が再び破れるとさらに状態が悪化し、生命にかかわるため、再出血の予防がきわめて重要となります。できるだけ速やかに開頭による脳動脈瘤頚部（けいぶ）クリッピング術（図2-A,B）、あるいはカテーテルによる脳動脈瘤コイル塞栓術（図2-C,D）を行います。どちらがより有効であるかをチームで十分に検討し治療を行います。

　当センターでは開頭手術・カテーテル治療それぞれのスペシャリストが在籍しており、ともに高度な医療を提供することが可能です。

3．脳出血の急性期治療

　脳の中に出血が生じ、手足の麻痺（まひ）や言語障害、意識障害などの症状が出現します。最大の原因は高血圧であり、動脈硬化によって変性した脳動脈の破綻が引き金となります。出血が増大するにつれて症状が重くなり生命にかかわることもあるので、症状が現れたらすぐに救急車を呼ぶことが重要です。血腫が大きく症状が重い場合は、緊急で開頭あるいは神経内視鏡による血腫除去手術を実施します（図3）。

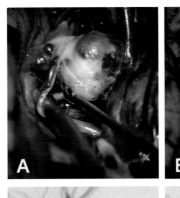
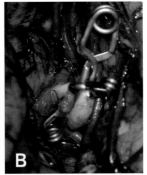
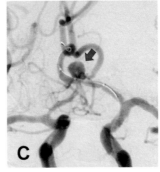
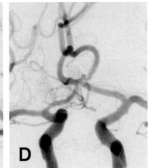

図2　くも膜下出血の脳動脈治療
A) 顕微鏡で見た脳動脈瘤
B) 脳動脈瘤にクリップをかけた後
C) 血管撮影所見（矢印：脳動脈瘤）
D) 脳動脈瘤コイル塞栓術を行った後

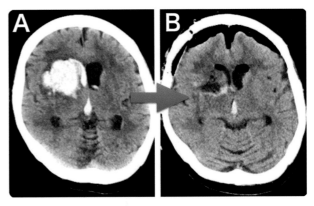

図3　A) 脳出血の頭部CT　B) 開頭血腫除去術を行った後

総合的平衡機能検査を用いた めまいの原因解明
——先端めまいセンター

先端めまいセンター
將積 日出夫 センター長
しょうじゃく ひ で お

めまいの原因を調べる検査

めまいは日常診療において最も頻度の高い症状の1つです。めまいは、回転性めまいと非回転性めまいに分けられます。回転性めまいは、文字通り、自分または周囲が回る回転感覚であり、非回転性めまいはふわふわと浮いているような浮遊感が含まれています。めまいを起こす病気は多岐にわたり、メニエール病、良性発作性頭位めまい症などの末梢性めまいと脳血管障害、脳腫瘍などの中枢性めまいがあります。

めまいの原因を調べる検査として、CT や MRI などの画像検査が広く行われています。しかしながら、これらの検査で異常を示さず、めまいの原因が分からないため、適切な治療を早期に開始することができず、慢性化してしまう場合が少なからず存在します。そのような問題を解決するため、富山大学先端めまいセンターは、2019 年 11 月に設立されました。当センターでは、総合的平衡機能検査（表）を実施するために、

1．直立体平衡検査：両脚直立（Romberg 検査、Mann 検査）、重心動揺検査
2．動的体平衡検査：足踏み検査
3．自発性異常眼球運動（電気眼振計、フレンツェル眼鏡） 自発眼振、注視眼振、頭位眼振、頭位変換眼振、頭振り眼振、異常眼球運動
4．前庭性刺激検査 温度刺激検査（冷温交互試験、エアーカロリック検査） 振子様回転検査、Video Head Impulse Test（vHIT） 前庭誘発筋電位検査（胸鎖乳突筋、外眼筋）
5．視刺激検査 視運動性眼振検査、視標追跡検査、急速眼運動検査
6．前庭視覚系の相互作用検査 前庭性眼振の固視抑制、視運動性前庭動眼反射
7．負荷平衡機能検査 頸部捻転、頸部圧迫、電気性身体動揺検査、瘻孔症状

表　総合的平衡機能検査

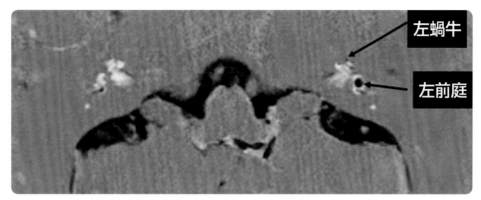

左蝸牛

左前庭

写真1　内耳造影MRIによる内リンパ水腫（左メニエール病）

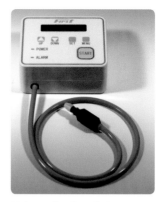

写真2　中耳加圧装置

めまいの新規検査装置を設置しています。

内耳にはめまいに関連する感覚器は5種類あります。これまで温度刺激検査では1種類（外側半規管）の機能しか調べることができませんでした。当センターでは、新しいめまいの検査である前庭誘発筋電位検査や、ビデオヘッドインパルステストなどを駆使して、残り2種類の半規管（前半規管と後半規管）と2種類の耳石器（卵形嚢と球形嚢）すべての感覚器の機能を評価することで末梢性めまいの原因追及を行っています。さらに、視運動性眼振検査などの視刺激検査を用いることで、中枢性めまいの原因となる小脳や脳幹の機能を調べています。

末梢性めまいの中で最も頻度が高いのは、良性発作性頭位めまい症です。何らかの原因で耳石器から耳石が脱落して半規管の中にたまると、枕に頭をつける、寝返りをうつなどの頭を動かしたときにめまいが生じます。これは、頭の動きにより半規管の中の耳石が移動して、内リンパ液の流れが起こることが原因と考えられています。めまいが生じているときに特徴的な眼球の動き（眼振と呼ばれます）が誘発されるため、当センターでは頭位眼振検査や、頭位変換眼振検査時の眼振をCCDカメラと電気眼振計の両者で評価しています。そして、耳石がたまっている半規管を適切に診断して、耳石を排出するための理学療法を選択しています。

メニエール病の検査・治療

メニエール病の特徴は、①回転性めまいを反復する、②難聴や耳鳴りがめまいに伴って変化することです。

外来での薬物治療が有効ではなく、入院を余儀なくされる場合がみられるため、難治性めまい疾患と考えられています。

メニエール病の病態は、内耳の内リンパ水腫であり、内リンパ水腫の診断が重要です。当センターでは、独自の振子様回転検査、複数の前庭誘発筋電位検査、純音聴力検査を活用して、内耳のすべての部位（蝸牛、半規管および耳石器）での内リンパ水腫を評価しています。さらに、放射線科との連携により、新規の内リンパ水腫の画像診断である内耳造影MRI検査（写真1）を行っています。このような内リンパ水腫に対する高度な診断技術を有する医療施設は国内で少なく、メニエール病に対する正確な診断に役立っています。

メニエール病では薬物療法が無効な場合には、メニエール病診療ガイドライン2011年版で、中耳加圧治療が外科的治療に移行する前に考慮されるべき治療法として推奨されました。当センターでは、富山大学で開発して2018年に保険収載された中耳加圧装置（写真2）を用いた中耳加圧治療を行っています。日本めまい平衡医学会による中耳加圧装置適正使用指針にしたがって、中耳加圧治療の適応を決定します。めまい発作が反復した場合、メニエール病かどうかを診断、西洋薬と漢方薬の併用などの薬物治療を行い、めまいが治らない場合に中耳加圧治療の適応があるか決定しています。

当センターでは、日本めまい平衡医学会のめまい相談医の資格を持つ医師が、めまい診療を行っています。県内外からも多くの患者さんが当院を受診されています。

10 極低出生体重児の治療とフォローアップ ——周産母子センター

周産母子センター
吉田 丈俊 センター長

極低出生体重児とは？

　生まれたときの体重が 2500g 未満の赤ちゃんは低出生体重児と呼ばれ、特に 1500g 未満であれば極低出生体重児といいます。わが国では出生数は年々減少していますが、低出生体重児の割合が増加しており、現在 10 人に 1 人が低出生体重児です。

　極低出生体重児は低出生体重児のなかでも特にリスクが高く、脳性麻痺・精神発達遅延・注意欠陥／多動性障害の発生率が高くなっています。そのため、出生直後より NICU（新生児集中治療室）に入院して高度な医療が必要とされ、退院後も成長と発達の推移を見守る必要があります。この退院後の定期受診をフォローアップと呼んでいます。極低出生体重児では 6 〜 10 歳ころまで、フォローアップしていることが多いです。

どのような治療を受けるのですか？

　極低出生体重児の赤ちゃんは体重が小さいだけでなく、すべての臓器が未成熟なため、さまざまな合併症の危険性があります。呼吸障害や心不全、脳室内出血や感染症などの危険性があるため、生後より人工呼吸器や強心剤、抗菌薬投与などを行うことが多いです。

　本来ならお母さんのお腹にいる週数のため、栄養は点滴からアミノ酸やビタミン、脂肪製剤などを投与し

ます。ミルクはお母さんの母乳が一番安全で消化も良好ですので、できるだけお母さんに頑張って搾乳してもらっています。このようなハイリスクの赤ちゃんを看護するエキスパートとして、新生児集中治療認定看護師が当院には 2 人勤務しています。最近は、極低出生体重児の多くの赤ちゃんが元気に退院されています（図）。また、当院 NICU ／ GCU では 24 時間、家族の面会が可能です。急性期の治療はもちろんですが、家族と赤ちゃんとの関係を大切にしながら日々診療を行っています。赤ちゃんが無事に退院した後は、外来にて定期的に赤ちゃんが順調に発達しているかどうかを見守っていきます。

　当院では、臨床心理士によって発達検査を施行しています。それぞれのお子さんに合わせた発達を促進する接し方などを直接、臨床心理士から指導してもらえることで家族の方からも好評です。

極低出生体重児（＜1500g）の入院数と生存率

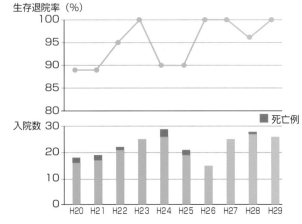

図　当院における極低出生体重児の入院数と生存率

11 IMRT専用器トモセラピーの導入と臨床応用の状況 ——放射線治療科

放射線治療科
齋藤 淳一（さいとう じゅんいち）教授

トモセラピー・ラディザクトとは？

現在の日本ではCTやMRIなどの3次元画像をもとに、病変の形状に合わせて照射する3次元原体放射線治療（3D-CRT）が標準的ですが、放射線を当てすぎてはいけない危険臓器が病変と近接している場合には、十分な線量を照射できない場合があります。強度変調放射線治療（IMRT）は、放射線を照射する形や線量を変化させながら照射することにより、危険臓器への被ばくを最小限にしつつ腫瘍（しゅよう）に集中的に照射することができる治療法です。

当院では2018年にIMRTの専用器であるトモセラピーの新世代型・ラディザクトを導入しました。トモセラピーは、患者さんの寝台が移動しながら、小型化された照射器がCTのように体の周囲を360度回転しながら照射するため、照射角度や線量の選択の自由度が大きく連続的に広範囲に照射できることが特徴です。また治療器でCTを撮影することができ、計画画像との重ね合わせにより、ミリ単位の精度で照合を行うことができます。さらにラディザクトでは照射速度の向上による治療時間の短縮や寝台の誤差の補正が可能で、治療計画用コンピュータも進化しており、より効率的に細やかな治療をすることができます。

IMRTは前立腺がんや頭頸部（とうけいぶ）がん、脳腫瘍を対象として普及し、現在では治療の対象は"限局性の悪性腫瘍"に拡大されています。当院でも治療例が最も多いのは前立腺がんですが、胸部や骨盤部の腫瘍、小数個の転移性脳腫瘍やリンパ節転移、全中枢神経照射や全身照射などにも適応できるようになりました。今後も経験を重ねた上で、より多くの患者さんに高精度な放射線治療を届けられるよう適応拡大に取り組んでいきます。

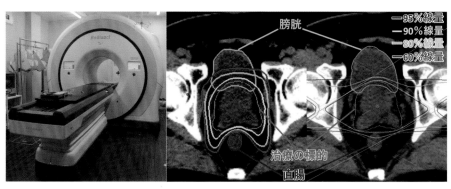

トモセラピー・ラディザクト　　　IMRTの線量分布　　　3D-CRTの線量分布

図　ラディザクトの外観と前立腺治療例の線量分布図の比較
IMRTでは照射野の形が標的に最適化されており、危険臓器の線量が低減されています

Q&Aでわかる富大病院の先端医療

12 持続血糖測定（CGM）による最適な糖尿病管理
──糖尿病

第一内科（代謝・内分泌内科）
ほうの き ひさ え
朴木 久恵 診療助手

第一内科（代謝・内分泌内科）
ちゅうじょう だい すけ
中條 大輔 診療教授

Q CGM（持続血糖測定）外来では何ができますか？

CGM（シージーエム）とは、Continuous Glucose Monitoring つまり、持続血糖測定の略称で、数日間継続して血糖値を測定することです。血糖測定は普通、自己血糖測定器という機器を用いて、食前、食後、就寝前などに自分で指先などを穿刺して測定します。この場合、血糖値は測定したときの値しか分からず、測定間の血糖の変動は不明でしたが、お腹や腕などに専用のセンサー（電極）を装着し約14日間連続した血糖変動を測定・記録する機器が登場しています。

このセンサーは皮下間質液中のブドウ糖濃度を持続的に測定し、昼夜を問わず血糖の変動を5分ごとに集計し記録します。一定期間使用後にセンサーを取り外し、専用のソフトを使用し結果を出力します。この方法によりHbA1c（1〜2か月前の血糖の平均値を表す数値）や自己血糖測定では分からなかった高血糖や低血糖、血糖の変動幅などが分かるよう

写真　較正は必要ですがより低い血糖まで正確に解析することができます

になりました。医師だけでなく患者さん自身も自分の血糖の変動を見ることができ、納得された上で治療を受けることができます。

当院ではセンサーの装着中は、食事や運動など、自分の活動を用紙に記載していただきます。センサーのデータが出たときに記録用紙と照らし合わせ、薬剤の影響や食事、運動の効果などを実際に比較し、低血糖や高血糖を確認し、一人ひとりに合った治療法を実践できることが大きな特徴です。

現在、この方法は数種類あり、自己血糖測定により較正を必要とする機器と、必要のないものがあります。そしてそれぞれ特徴があり、その人に合った検査方法を選択します。

Q CGM外来の手続き方法を教えてください

当院に通院されている患者さんは主治医に申し出てください。

他院に通院中の患者さんであっても、治療内容等が記載された紹介状があれば、当院での受診が初めての方でも、医療福祉サポートセンター内の地域医療連携室を通して予約を取ることができます。

但し、保険適用については条件があることをご理解ください。

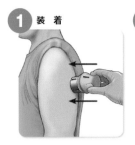

① 装　着

上腕後部に FreeStyle リブレ Pro センサーを貼り付け、起動します

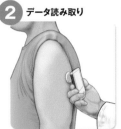

② データ読み取り

センサーを Reader でスキャンし、グルコース値の測定結果を読み取ります

③ レポート作成

Reader を PC に接続し FreeStyle リブレ Pro ソフトウェアでレポートを作成します

図1　血糖のデータがセンサーに蓄積され、受診時にリーダーをかざしデータを解析します

1. **かかりつけ医の紹介状を持ち、病院へ予約**
   （地域連携室により予約）
2. **来院時にセンサーを装着**
3. **約 14 日間、装着**
   （期間中、食事、活動内容などを記録）
4. **センサーを取り外して来院**

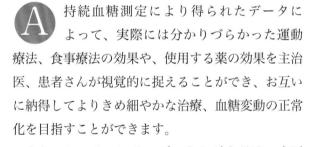

CGM外来は今後どのように発展していきますか？

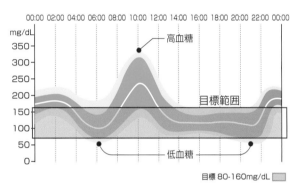

図2　リブレプロのレポート
目標範囲に入っているか、高血糖、低血糖になっているのは、どんなときなのかを解析します

　持続血糖測定により得られたデータによって、実際には分かりづらかった運動療法、食事療法の効果や、使用する薬の効果を主治医、患者さんが視覚的に捉えることができ、お互いに納得してよりきめ細やかな治療、血糖変動の正常化を目指すことができます。

　また、センサーにリーダーをかざすだけで皮下のブドウ糖濃度を示すことのできる FGM: Flash Glucose Monitoring が話題になっています。この機器は、①2週間測定できること、②自己血糖測定による補正が不要であること（血糖測定がいらない）、③センサーにレシーバをかざすと血糖の変動が分かること、などがこれまで広く使われてきた機器より進化した点です。さらに 2019 年にはリアルタイム CGM が登場し（写真）、①自らセンサーにかざすなどを行わなくても血糖変動を表示し、高血糖時や低血糖時（血糖が 55mg／dl 以下になった際にアラームが鳴る）にお知らせする機能、②自己血糖測定による補正は必要ですが、低血糖域での血糖

変動をより正確に表示できる機能が進化している機器が登場しています。

　このようなアラーム機能を有した機器を用いることで、自己血糖測定を使用している方と比較して、平均 HbA1c、低血糖時間、高血糖時間が改善したとの報告もあります。

　自己血糖測定を使用したことのない糖尿病内服治療の方から、インスリン治療を受けている方までより一層幅広く、きめ細やかにご利用いただけるものと思います。ただし保険適用の基準についてはお問い合わせください。

一言メモ

1. CGM 検査で約 14 日連続の血糖変動を測定できます。

2. 患者さんが血糖変動を理解し、より良好な血糖コントロールを目指すことができます。

3. 当院では一人ひとりの血糖変動を理解し、オーダーメイドの治療を心がけています。

13 最新の関節リウマチ治療
——関節リウマチ

第一内科（免疫・膠原病内科）
多喜 博文 診療教授

第一内科（免疫・膠原病内科）
篠田 晃一郎 診療教授

Q 関節リウマチは、どんな病気ですか？

 関節を包んでいる滑膜という袋のようなものが腫れると、周りの骨や軟骨などの関節の構造を次第に破壊していきます（図）。そうなると、微熱や倦怠感が出るなど日常生活にさまざまな支障をきたします。手足の関節だけでなく首の関節にも影響が出てくることがあります。

関節の変形が進むと、手術以外に元に戻す方法はなくなってしまうため、できるだけ早い診断や治療を行って、変形を起こさないことが重要です。

Q 最新のリウマチ治療には、どんなものがありますか？

A まずは、抗リウマチ薬という飲み薬を使います。その中でも、特に内臓などに問題がない場合には、メトトレキサートという薬が中心的な役割を果たします。この薬が効果を現すまでの間は、痛み止めやステロイド薬を一時的に使用して、痛みを和らげたりします。メトトレキサートを最大限使っても効果が十分に出ないときには、生物

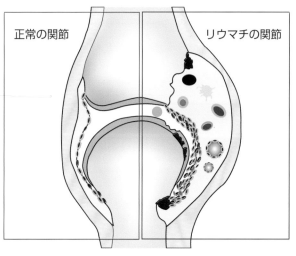

図 健常者と関節リウマチ患者の関節（ランセット2016をもとに作図）

非ステロイド性消炎鎮痛薬 (NSAIDs)	いわゆる痛み止めです。痛みに対して即効性はありますが、リウマチの関節の破壊を抑えることはできません。胃潰瘍や腎臓障害の原因になることがあります
ステロイド薬 (プレドニンなど)	炎症を抑えます。以下の抗リウマチ薬が効果を現してくるまでの橋渡しとして用いますが、長期間使うと、骨粗しょう症などのいろいろな副作用が出てきます
合成抗リウマチ薬 (csDMARDs)	メトトレキサート(MTX)を中心として、何種類も薬があります。効果が出てくるまでに、通常1〜3か月かかります。中でもMTXは、毎日飲む薬ではないので注意してください。薬の種類によって、副作用が異なりますが、特に薬による肺炎(間質性肺炎)には注意が必要です
生物学的抗リウマチ薬 (bDMARDs)	点滴や皮下注射などの注射による薬です。効果は非常に高く、関節の破壊も効率よく抑えますが、高額です。 感染を起こしやすくなるので、注意が必要です
JAK(ジャック)阻害薬 (ctDMARDs)	新規の合成抗リウマチ薬で、飲み薬ですが、生物学的抗リウマチ薬と同じくらい高額です。帯状疱疹を起こしやすくなります

表1 リウマチ治療薬の一覧

学的抗リウマチ薬（バイオ製剤）という注射薬を併用します。

最近では、注射が苦手な人にも使えるJAK（ジャック）阻害薬という新しい飲み薬も登場してきました。ただし、これらのバイオ製剤やJAK阻害薬は高額ですので、主治医とよく相談して決めてください（表1）。

Q 治療中に気をつけることはありますか？

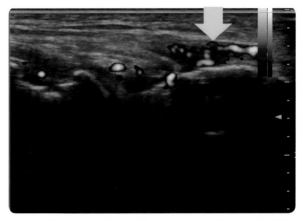

写真　関節のエコー写真（矢印の赤いところが炎症のある滑膜）

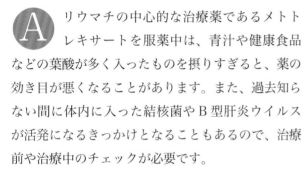 リウマチの中心的な治療薬であるメトトレキサートを服薬中は、青汁や健康食品などの葉酸が多く入ったものを摂りすぎると、薬の効き目が悪くなることがあります。また、過去知らない間に体内に入った結核菌やB型肝炎ウイルスが活発になるきっかけとなることもあるので、治療前や治療中のチェックが必要です。

治療薬の多くは、多少なりとも免疫力を低下させるため、うがいや手洗いをしっかり行ってください。

冬場のインフルエンザワクチンや高齢者の肺炎球菌ワクチンもできるだけ受けてください。また、子どもの頃にかかった水ぼうそうのウイルスが活発になって、帯状疱疹を起こすこともあります。皮膚の変化にも十分に注意してください（表2）。

一言メモ

関節リウマチは今では不治の病ではなく、早期に発見して適切な治療を受ければ、変形も起こさずに普通の人と同じ生活が送れる病気です。

結核	昔、結核や肺浸潤にかかった記憶のある人で、"ストマイ"という抗生物質を打っていたことのある場合や、同じ場所で暮らしていた人にも同様のことがあった場合には、結核の予防薬をまず飲み初めてから、リウマチの治療を開始します。また、そのような記憶がなくても、胸部X線や血液検査で、結核にかかったことがあると分かった場合も同様に、結核の予防薬をまず飲みます。予防薬は、通常、9か月間ほど服用します
B型肝炎	B型肝炎の人やそのキャリアの人は、B型肝炎ウイルス検査を行い、B型肝炎ウイルス薬を飲んだ上で治療を始めます。B型肝炎の感染の既往があると分かった人は、肝炎ウイルスの再活性化が起こらないかB型肝炎ウイルスのDNAをモニターしながら治療します
インフルエンザ	流行期には、ワクチンにアレルギーがある人以外はワクチンの接種を必ず受けてください。うがいや手洗いを行い、人混みではマスクを着用してください
肺炎球菌	肺炎球菌ワクチンの接種をしてください。子どもは、発病していなくても肺炎球菌を保菌していることがあるので、注意してください
帯状疱疹	子どもの頃に水痘（水ぼうそう）にかかった人は、水痘ウイルスが体の神経節に潜んでいます。リウマチの治療で免疫力が低下すると、再び活性化して帯状疱疹を起こします。まず、前駆症状として、チクチクした痛みや赤みが体の左右どちらかに出てきて、その後水ぶくれになります。おかしいなと思ったら、早めに受診してください。治療が遅れると、後遺症として神経痛が残ることがあります
間質性肺炎 ニューモシスチス肺炎	間質性肺炎は、薬によって引き起こされる肺炎です。細菌による普通の肺炎と違って痰はほとんど出ませんが、頑固な咳や息切れが特徴です。風邪の初期症状と似ていますが、長引いたり、おかしいなと思ったら、受診日以外でもすぐに受診して、胸のレントゲンを撮ってもらってください。また、症状や胸のX線の影はほとんど同じですが、空気中のニューモシスチスというカビによって引き起こされるニューモシスチス肺炎があります。その危険度の高い方は、バクタという予防薬を内服します
リンパ腫	リンパ腺が腫れてきたり、寝汗をかくようになったり、原因不明の熱が出るようになったら、リンパ腫の可能性もあります。主治医に早めに相談してください

表2　治療前、治療中の注意事項

14 発熱がなかなか引かない 場合の診断・治療
——発熱

第一内科（免疫・膠原病内科）
篠田 晃一郎 診療教授
（しのだ こういちろう）

Q 何℃以上を発熱と呼びますか?

A 私たちの正常体温(平熱)は 36.5℃前後で、「発熱」とは医学的には 37.5℃以上の場合を指します。37℃〜 37.4℃までを微熱、38.5℃以上を高熱と表現します。しかし、正常体温には個人差があり、体温は日内変動（朝低く、夜に向けて上昇）もあるため、総合的に判断する必要があります。

Q 発熱が持続するのは、 どんな場合ですか?

A 発熱の原因として一番多いのが、感染症つまり風邪、インフルエンザ、はしか、風疹、水疱瘡、肺炎などさまざまな微生物に起因する

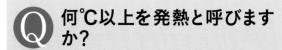

不明熱をきたす疾患

・感染症（エイズ、心内膜炎、結核など）
・膠原病などの炎症性疾患
・悪性腫瘍（悪性リンパ腫、腎細胞がん）
・薬剤アレルギー

表1　不明熱をきたす疾患としては、感染症、膠原病、悪性腫瘍、薬剤性などがあります

ものです。体内に微生物が侵入すると、私たちの体は生体防御のための働きで発熱します。つまり、発熱することでウイルスや細菌類の増殖を抑える働きや、体の免疫系を活性化する働きもあるのです。なお、このような感染症は頭から足の先まで至るところで起きる可能性があるので、発熱した場合には、どんな微生物がどの臓器に感染しているかを調べるため、自覚症状や他覚症状の問診や、血液検査、X線検査などが必要です。

多くの感染症は、このように原因を追及することで病名が判明しますが、それでも発熱の原因が分からないことがあります。38.3℃以上の発熱が3週間以上持続し、3回の外来受診、あるいは3日間の入院でも原因不明な場合、医学的には「不明熱」と呼びます。不明熱の原因としては、前述の感染症に加え、悪性腫瘍（がんなど）、薬剤アレルギー、膠原病などがあります（表1）。

悪性腫瘍が原因で起こる発熱を「腫瘍熱」と呼びますが、その種類によって腫瘍熱をきたす頻度が異なり、悪性リンパ腫・腎細胞がんは発熱の頻度が高いといわれています。しかし、あらゆる悪性腫瘍に発熱の可能性があるので、不明熱が持続する場合は全身の悪性腫瘍のチェックが必要です。

次に、薬剤熱ですが、これはあらゆる薬剤により引き起こされる可能性のある発熱のことで、原因薬剤投与後に比較的早く起こります。発熱だけなく、皮膚症状や筋肉痛などの症状を併発することがあり、薬剤投与の開始時期と症状の出現時期を詳細に確認する必要があります。多くの薬剤熱は、原因薬剤を中止することにより改善します。

Q 膠原病って、どんな病気ですか?

A 発熱が持続する代表的な病気に、「膠原病」があります。"膠"の文字は「にかわ」と読み、接着剤を意味しますが、私たちの体にも膠の役割を担う「結合組織」といわれる部位が全身に広がっており、これらの場所に原因不明の炎症をきたす疾患を総称して膠原病と表現します。

膠原病は1つの病気を指すのではなく、複数の病気を包含する総称で、具体的にはさまざまな疾患を含みます（表2）。これらの多くは原因が分かっていませんが、体に侵入した微生物を排除する際に働く免疫系に乱れが生じ、誤って自分の体のさまざまな臓器を攻撃して起こるため、自己免疫疾患の範疇に入ります。また、原因不明で治療が困難なため、厚生労働省の特定疾患に認定されて公費対象となっています。

これらの疾患では、発熱だけでなく、関節痛、筋

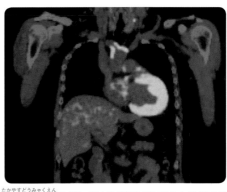

写真　高安動脈炎患者におけるPET-CTでの大動脈の異常集積

肉痛、発疹、リンパ節腫脹、レイノー現象（寒冷刺激やストレスにより手足の血流が低下し、皮膚の色調が赤色→白色→青色へと変化する現象）、ドライアイ、ドライマウスなどさまざまな症状を伴います。診断には、症状に加えて血液検査や画像検査などが重要で、近年がんの評価に用いられるPET-CT検査の不明熱診断に対する有用性も報告されています（写真）。これらの情報を参考に診断や治療を行い、治療は主に、ステロイド剤や免疫抑制剤などの強力な免疫抑制作用を持つ薬剤を使用するため、副作用の管理を十分に行うことが必要です。

なお、不明熱をきたす稀な疾患として、自己炎症症候群という疾患群があります。代表的な疾患である家族性地中海熱の特徴は、無治療でも軽快する周期性の発熱や関節炎などです。診断には、症状や血液検査以外に、遺伝子診断が用いられます。

当院の免疫・膠原病内科では、不明熱の原因精査やリウマチ、膠原病の診断と治療など、幅広い診療を行っていますので、お困りの方はぜひ相談してください。

膠原病および類縁疾患

- ・全身性エリテマトーデス
- ・全身性強皮症
- ・皮膚筋炎 / 多発性筋炎
- ・混合性結合組織病
- ・シェーグレン症候群
- ・悪性関節リウマチ
- ・結節性多発動脈炎
- ・顕微鏡的多発血管炎
- ・好酸球性多発血管炎性肉芽腫症
- ・多発血管炎性肉芽腫症
- ・高安動脈炎
- ・巨細胞性動脈炎
- ・原発性抗リン脂質抗体症候群
- ・成人スチル病
- ・ベーチェット病
- ・強直性脊椎炎
- ・SAPHO症候群

表2　膠原病および類縁疾患群。多くが厚生労働省の特定疾患であり申請が可能です

一言メモ

1. 発熱の原因としては感染症が主なものですが、ほかに悪性腫瘍や薬剤アレルギー、膠原病などがあります。

2. 膠原病は、発熱以外にさまざまな症状を引き起こすため、これらを総合的に判断して診断や治療を行います。

3. 膠原病の多くは厚生労働省の特定疾患に指定されており、医療費の自己負担軽減のための申請手続きが可能です。

15 肺がんに対する分子標的治療薬

——肺がん

臨床研究管理センター
いのまた みねひこ
猪又 峰彦 特命准教授

臨床腫瘍部
はやし りゅうじ
林 龍二 教授

 肺がんに対する分子標的治療薬とは、どのような治療ですか?

 転移を伴う肺がんは薬による治療の対象となります。

かつては点滴薬を主体とする抗がん剤が肺がんに対する唯一の薬でしたが、分子標的治療薬が登場したことによって肺がん診療は一変し、肺がん患者さんの寿命は大幅に長くなりました。

分子標的治療薬を代表する薬剤にチロシンキナーゼ阻害薬があります。チロシンキナーゼ阻害薬は、がん細胞の増殖に関係する分子の働きを抑えることにより、治療効果を発揮する薬で、従来の抗がん剤

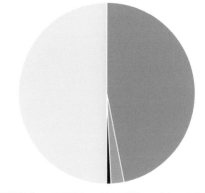

■EGFR陽性 　■ALK陽性 　■ROS-1陽性 　遺伝子変異陰性

図2 　2015-2018 年 　富山大学附属病院第一内科肺腺がん126 例のデータ

と比較して吐き気や食欲不振といった副作用が少なく、がんを縮小させる効果が非常に優れています。

一方で、チロシンキナーゼ阻害薬は特定の遺伝子変異を治療標的とするため、その遺伝子変異を持たない肺がんには効果を発揮しないという特徴もあります（図1）。チロシンキナーゼ阻害薬が有効かどうかを判断する遺伝子検査は、肺がんの診断時に採取した腫瘍組織を用いて行うことができます。肺がんの中でも特に肺腺がんである場合は、約半数の患者さんでチロシンキナーゼ阻害薬が有効な遺伝子変異が検出されます（図2）。

図1 　チロシンキナーゼ阻害薬は遺伝子変異がある肺がんに対して治療効果を発揮します

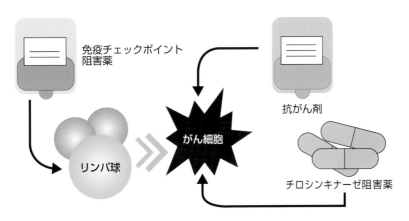

図3　免疫チェックポイント阻害薬はリンパ球に作用して治療効果を発揮します

 肺がんに対する免疫チェックポイント阻害薬とは、どのような治療ですか？

 もう一つの代表的な分子標的治療薬に免疫チェックポイント阻害薬が挙げられます。抗がん剤やチロシンキナーゼ阻害薬はがん細胞を直接攻撃しますが、免疫チェックポイント阻害薬は人のリンパ球が本来持っている、がんを抑える力を活性化することによって効果を発揮します（図3）。免疫チェックポイント阻害薬はいったん効果がみられた患者さんでは、その効果が長く続くという特徴があり、免疫チェックポイント阻害薬単独での投与に加えて、抗がん剤との併用療法の有効性も示されています。

一方で、免疫系に作用するという特性から、さまざまな免疫関連の副作用が生じます。その中にはホルモン異常や糖尿病の発症など、従来の肺がん診療では経験しなかった副作用もあり、投与にあたっては注意を要する薬剤だといえます。こうした長所・短所を十分に理解したうえで、最大限の効果を引き出すことが大切になります。

分子標的治療薬の投与を受ける際に注意点はありますか？

チロシンキナーゼ阻害薬は、にきびに似た皮疹（ひしん）、肝臓の障害、下痢などを副作用として引き起こすことがあります。またチロシンキナー

ゼ阻害薬によって肺炎を発症することがあり（薬剤性肺障害）、これは発現頻度が数％と低いながらも、発症した場合は重症化することがあります。

これら副作用の出現時期はある程度は予測することができ、定期的に受診・検査を行い、症状や検査結果に応じて適切な薬剤の減量・休薬を行うことで対応しています。また皮疹や下痢に対しては、患者さんや家族に日々のケアを行っていただくことも重要です。

免疫チェックポイント阻害薬の副作用は、治療が継続されている限りは注意し続けることが必要です。早期発見のためには定期的に検査を行うことと、体調の異常を感じた場合はすぐに申告していただくことが必要です。免疫チェックポイント阻害薬の副作用は全身のいずれの箇所でも起こり得るため、症状が軽度である場合、それが薬剤の副作用なのかどうか患者さん自身では判断が難しいかもしれません。何らかの症状が出現し、それが軽快せず悪化傾向をたどる場合は、早めに医療機関を受診してください。

一言メモ

- 従来の抗がん剤と比較し、格段に有効な分子標的治療薬が開発されています。
- チロシンキナーゼ阻害薬はがんを縮小させる効果が非常に優れています。
- 免疫チェックポイント阻害薬は治療効果が長く持続する特徴を持ちますが、免疫関連の副作用があります。

16 気管支内視鏡の進歩

——肺疾患

第一内科（呼吸器内科）
かんばら けんた
神原 健太 診療講師

臨床腫瘍部
はやし りゅうじ
林 龍二 教授

 **気管支内視鏡とは
どんなものですか?**

 気管支内視鏡は、肺を検査するためのカメラです。

呼吸器の病気は胸部Ｘ線やＣＴスキャンで発見されますが、病変が肺がんかどうかなどの確定診断にはその病変の一部を採取して（生検）、顕微鏡で判断する病理診断が必要です。このため、気管支内視鏡検査で生検をすることが必要となります。また、間質性肺炎（肺が線維化することで呼吸困難を生じる病気）では、肺全体に広がった病気を評価するため、肺胞洗浄検査（肺を水で洗浄して細胞を採取する検査）や経気管支肺生検（肺の一部を採取する検査）を行います。

最近、国内で新しい気管支内視鏡の機器が開発され、当院でもいち早く導入しました。こういった新しい技術の仮想画像（バーチャル）気管支内視鏡、ガイドシース併用超音波気管支内視鏡、超音波ガイド下経気管支針生検について紹介します。

 **仮想画像（バーチャル）気管
支内視鏡って、どんな検査で
すか?**

肺は、気管支が複雑に枝分かれした構造をしています。肺奥深くの生検では、病変に至るまでの気管支の枝分かれを正確に読み取り、カメラを進める必要があります。このため、ＣＴ検査をもとに病変に至るルートを読み取らなければなりませんが、時間と労力のかかる作業で診断の正確性に大きく影響します。

バーチャル気管支内視鏡は、このルートをコンピュータソフトがＣＴ検査から半自動で読み取り、正確なルートを決めて、実際のカメラの画像と同様の3D画像を表示してくれます（写真１）。いわば、車にとってのカーナビのように、カメラを目的地まで正確に誘導してくれるわけです。当院は、県内で

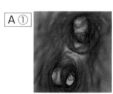

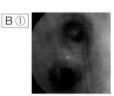

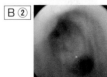

写真1　Bf-NAVI（仮想気管支鏡）
Ａ①②：Bf-NAVIで作成した3次元画像（仮想画像内視鏡）
Ｂ①②：Bf-NAVIと一致した気管支鏡の実際の画像

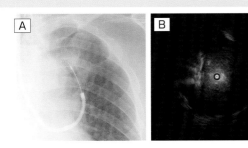

写真2　EBUS-GS（ガイドシース併用超音波気管支内視鏡）
A：病変をX線透視画像で確認し、鉗子の先端が病変に至っていることを確認しています
B：超音波で病変を確認しています

最も早くバーチャル気管支内視鏡を導入して、実際の診療に役立てています。

【EBUS-TBNA】

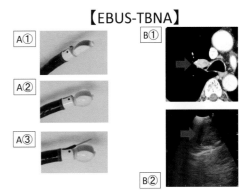

写真3　EBUS-TBNA（超音波ガイド下経気管支針生検）
A①：TBNAのカメラの先端部分は茶色の超音波単子部が存在
A②：TBNA先端部に装着したシリコンバルーンを広げて病変への密着度を高めます
A③：超音波でリンパ節を確認しながら側管から突出させた穿刺針でリンパ節を穿刺します
B①：症例のリンパ節をCT画像で確認しています
B②：症例のEBUS-TBNAカメラを用いてリンパ節を確認しています

ガイドシース併用超音波気管支内視鏡って、どんな検査ですか？

気管支は、末梢に向かって枝分かれするに従い細くなります。このため、カメラの先端が一定の深さから先に進むことはできず、病変を直接観察することはできません。肺の奥の生検では、カメラの先端から針金のようなさまざまな鉗子を挿入して病変の採取をします。

従来、鉗子が病変に届いたかどうかについては、X線を撮影して確認していました。しかし、X線では遠くから眺めているようなもので、鉗子が病変に当たっているかどうかはぼんやりとしか見えませんでした。そのため、肺の奥の病変を直接見えるようにするために「超音波鉗子」が開発されました。

これは、鉗子の先端に超音波プローブという「超音波の目」のようなものを搭載した機器です。鉗子の先のプローブが病変に接すると、超音波画像として目で見ることができます。この鉗子を長いストローのようなガイドシースに通して病変を見つけることで、正確な場所から検体を採取することが可能になりました（写真2）。当院では、ほとんどの症例でガイドシース併用超音波気管支内視鏡を使用して検査を行っています。

超音波ガイド下経気管支針生検って、どんな検査ですか？

肺がんやサルコイドーシスという病気では、気管支の外側にあるリンパ節が腫れること

があります。このリンパ節を生検でとることができれば病気の診断に効果的ですが、気管支の外側にあるため、やはり従来のカメラでは見ることができませんでした。このため、リンパ節生検は縦隔鏡（首の付け根から皮膚を切開して挿入するカメラ）など全身麻酔を必要とする侵襲的な検査が必要でした。

そこで、気管支の外側を直接見るために、新たな超音波内視鏡が開発されました。これは、カメラそのものの先端に超音波プローブがついた機器です（写真3）。カメラの先端にあるプローブを気管支に押し当てることで、その外側に接するリンパ節を直接見ることが可能になります。このリンパ節を目で見ながら特殊な針を使って検体を採取することができます。特殊な気管支内視鏡を用いるため、特別の技術を要しますが、当院ではこの機器も県内で初めて導入し、技術指導に努めています。

一言メモ

気管支内視鏡はMADE IN JAPANの新しい機器がたくさんあります。

- 正確な気管支ルートを作成する仮想画像気管支内視鏡
- 正確な位置確認ができるガイドシース併用超音波気管支内視鏡
- リンパ節生検を可能にした超音波ガイド下経気管支針生検

心房細動に対する カテーテル治療

——心房細動

第二内科（循環器内科）
片岡 直也 助教
（かたおか なおや）

Q 心房細動とは、どのような 病気ですか？

A 心臓は、上下左右４つの部屋に分かれて おり、上の部屋を「心房」、下の部屋を「心室」といいます。

心臓には電気が流れていて、それによって規則正しく収縮するように調節されています。通常は、洞結節という部位から、１分間に60〜80回くらいの頻度で命令が出ています（図１左）。

しかし、心房細動になると心房の中に電気興奮の渦がたくさんできてしまうため、心房が１分間に

400〜600回という非常に速い頻度で細かく震えてしまいます（図１右）。そのため頻脈になって動悸の原因になります。また、心房が震えて十分に収縮できなくなってしまうため、心臓の機能が低下します。

さらに、淀んだ血液が固まって心房の中に血栓（血液の塊）ができ、血管に詰まって脳梗塞を起こす危険性があります。最初の段階では、心房細動は自然に止まりますが（発作性心房細動）、発作を繰り返すにしたがってだんだん止まりにくくなり、そのうち止まらなくなります（持続性心房細動）。

Q 心房細動に対するカテーテルアブレーションとは、何ですか？

A カテーテルアブレーションとは、不整脈 の原因となっている部位をカテーテルという管を使って焼き切る治療法です。

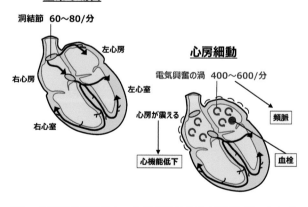

図１　心房細動になると、心房が非常に速く興奮して、さまざまな悪影響をきたします

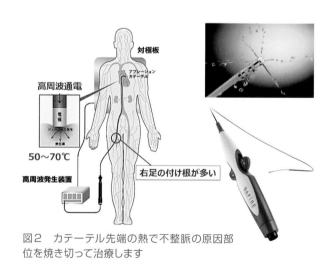

図２　カテーテル先端の熱で不整脈の原因部位を焼き切って治療します

図4　クライオバルーンアブレーションの手順

 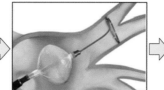 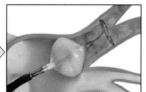

1. 診断カテーテルを肺静脈に留置

2. 心房内でバルーンを拡張

3. 肺静脈をバルーンで閉塞し、冷凍アブレーション開始（2～3分間）

　一般的には、ボールペンの芯くらいの太さのカテーテルを右足の付け根から入れて、血管を通して心臓まで挿入します（図2）。カテーテルの先端から、高周波による熱エネルギーを加えることにより、先端温度は50～70℃まで上昇します。

　また、カテーテル挿入中は血栓ができやすいため、先端から水を放出することによって、血栓の付着を防ぐ機能を持ったカテーテルを主に使用します。心房細動の治療は、静脈麻酔をして鎮静した状態で行いますので、術中の苦痛はほとんどありません。

　心房細動は、肺静脈という血管から発生した異常な電気信号が、心房に伝わることで起こることが知られています（図3左）。したがって、肺静脈と心房のつなぎ目の部分を焼き切って、電気信号が伝わらないようにする肺静脈隔離術という治療を行います（図3右）。

　しかし、持続性心房細動ではさらに病状が進行しており、原因は肺静脈に限らず心房全体に広がってしまっています。このため、肺静脈隔離術だけでなく、心房にまでアブレーションの範囲を広げる必要があります。

Q クライオバルーンアブレーションとは、どのような治療ですか？

A　クライオバルーンアブレーションとは、冷凍バルーンを使って心房細動を治療する新しい治療法です。

　当院では2016年4月よりこの治療法を行っています。冷凍バルーンは、液化亜酸化窒素という気体で冷却される仕組みになっており、これを肺静脈の入口の部分に押し当てることによって肺静脈周囲の組織を凍結させて、肺静脈を隔離します（図4）。

　この治療では2～3分程度の冷却で1本の肺静脈を一括で隔離することができるため、手術時間やX線透視時間を短縮することができ、それに伴い手術による負担を軽減することができます。

　なお、現在この治療は、発作性心房細動のみ適応となっています。また、肺静脈の形状が冷凍バルーンに適さないことがあるので、この治療が可能かどうかは、診察の上で相談させていただきます。

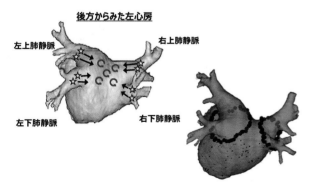

後方からみた左心房

左上肺静脈　右上肺静脈　左下肺静脈　右下肺静脈

図3　右はカテーテル治療後の画像。赤い点は焼き切った部位を表しています

一言メモ

1. 心房細動は、頻脈による動悸だけでなく、心機能低下や脳梗塞をきたす危険な不整脈です。

2. カテーテルアブレーションによって心房細動を治療することができます。

3. クライオバルーンアブレーションは、冷凍バルーンを用いて心房細動を治療する新しい治療法であり、手術侵襲（しんしゅう）の軽減が期待されます。

18 狭心症・心筋梗塞のカテーテル治療（経皮的冠動脈形成術:PCI）
——狭心症・心筋梗塞

第二内科（循環器内科）
そばしま みつお
傍島 光男 助教

Q 狭心症・心筋梗塞とは、どんな病気ですか？

狭心症は心臓の筋肉（心筋）を栄養する血管（冠動脈）が動脈硬化によって狭くなる（狭窄する）ことで発症します。特に心筋が多くの血流を必要とする労作時に心筋への血流不足（虚血）が起こり、前胸部から喉、左肩にかけて数分程度の締め付けられるような痛みが現れ、安静によって軽快するものを労作性狭心症と呼びます。そのほ

か、冠動脈の痙攣によって突然血管が狭くなることで虚血が起こり、主に夜間や早朝の安静時に前記の症状が現れる冠攣縮性狭心症があります。

心筋梗塞は冠動脈が突然血栓で詰まる（閉塞する）病気で、発症から時間とともに心筋が壊死に陥るため、前記の症状が30分以上続き、冷汗や嘔吐を伴うこともあります。また重症な場合には心機能が低下し、心不全や血圧低下、不整脈などを引き起こし、命にかかわる場合があるため、直ぐに救急車を呼ぶ必要があります（図1）。

Q どのような検査をしますか？

狭心症を疑う症状があれば、運動負荷心電図検査や冠動脈造影CT検査を行い、運動による心電図変化がないか、冠動脈に狭窄がないかを調べます。

当院ではCTで冠動脈狭窄が疑われた場合、その狭窄によって虚血が起こっているかどうか、CT画像を用いて解析するFFR CT検査が可能です。これによって、従来カテーテルで評価していた虚血の有無をCTで評価することができます（図2）。これらの検査で疑わしい場合には入院して、冠動脈造影検査を行います。

一方、心筋梗塞は発症から時間とともに心筋壊死が進行するため、症状と心電図から疑われた場合には緊急入院となり、直ちに冠動脈造影検査を行います。その

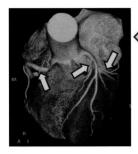
⇐ :冠動脈（3本 右冠動脈・左前下行枝・左回旋枝）

:心筋梗塞による壊死部分

狭心症＝狭窄

心筋梗塞＝閉塞

図1 狭心症と心筋梗塞の違い

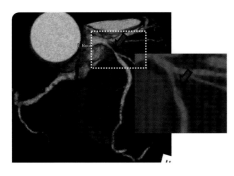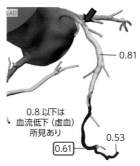

通常の冠動脈 CT 画像
（狭窄の場所・形態を把握できる）

FFRct 計測
（狭窄部位の治療の必要性がわかる）

0.81

0.8 以下は
血流低下（虚血）
所見あり

0.61

0.53

図2　冠動脈 CT、FFR CT 検査

ため当院では24時間365日体制で対応しています。

 ## カテーテル治療（PCI）とは？

カテーテルは血管の中に入れる細長い管です。カテーテルの挿入口には手首や腕、足の付け根などの血管を用います。手首からが最も合併症が少なく、治療後すぐに歩行可能であり患者さんの負担が少ないため、当院では特別なケースを除いては手首からの治療を行っています。

　狭心症や心筋梗塞のカテーテル治療は、まず2mm 程度の太さのカテーテルを心臓まで運び冠動脈に入れ、そこから造影剤を流して撮影し病変（狭窄・閉塞部位）を見つけます。次にカテーテルの中に細いワイヤーを入れて病変を通過させ、そのワイヤーに乗せたバルーンで病変を広げます。最後に、ステントと呼ばれる金属性の網目状の筒を病変に広げて置いてくることで、血管が再び狭窄・閉塞するのを予防します（図3）。病変が石灰化で硬くなっている場合にはバルーンだけでは広がらないため、ロータブレーターというドリルをワイヤーに乗せて病変まで運び、高速回転させ石灰を削ります（図4）。

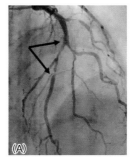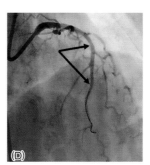
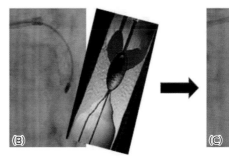

(A)　治療前　　　　　　(C)　ステント留置
(B)　ロータブレーター　(D)　治療後

図4　ロータブレーターを用いた PCI

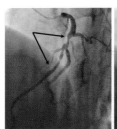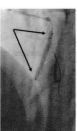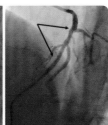

左冠動脈狭窄による狭心症
治療前

薬剤溶出ステント
留置

治療後

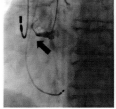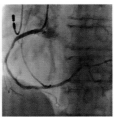

右冠動脈閉塞による心筋梗塞
治療前

薬剤溶出ステント
留置

治療後

図3　狭心症および心筋梗塞に対する PCI（薬剤溶出ステント留置）

一言メモ

心筋梗塞は急性期治療が非常に重要ですが、慢性期にも心不全や不整脈、再発といった問題があります。当院には循環器センターがあり、カテーテル専門医のみならず、心不全専門医や不整脈専門医も在籍しており、心臓血管外科とも連携しています。また社会復帰に向けての心臓リハビリテーションにも取り組んでいますので、狭心症・心筋梗塞に対するトータルな治療が可能です。

19 心房中隔欠損症や卵円孔開存症に対するカテーテル治療とは?

——心房中隔欠損症、卵円孔開存症

第二内科（循環器内科）
ふくだ のぶゆき
福田 信之 助教

第二内科（循環器内科）
うえの ひろし
上野 博志 講師

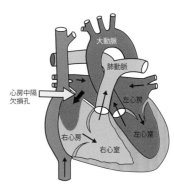

図1
心房中隔欠損症の心臓 欠損孔を通して左心房から右心房へのシャント血流を認めます

Q 心房中隔欠損症や卵円孔開存症とは、どんな病気ですか?

心房中隔欠損症とは、右心房と左心房の間にある心房中隔に欠損孔がある先天性の心臓病です。

最初は症状がないことも多く、学校健診のときの聴診の異常音や心電図異常で発見されることも多い病気です。症状としてはむくみ、全身のだるさや労作時の息切れなどの心不全症状が出現しますが、全く症状のない人も多くいます。心臓に負担がかかると、上室性期外収縮や心房細動などの不整脈も起こりやすくなり、動悸を自覚することもあります。加齢に伴い、欠損孔を通じて左心房から右心房への血流が増えることにより、病態が進行することが知られています（図1）。

一方、卵円孔開存症とは、胎児では胎盤を経由した血液が卵円孔を通して右房から左房へと導かれ、脳へ供給されます。出生後には卵円孔は不要となり閉鎖しますが、成人になっても卵円孔が開通しているのが卵円孔開存症であり、健常人の10〜25%程度みられます。卵円孔開存症は一般的には治療は必要ありませんが、下肢などに生じた深部静脈血栓が右房から卵円孔を通って左房に流入し、動脈に塞栓を生じる奇異性塞栓と呼ばれる病気を引き起こすことがあります。原因不明の脳梗塞と診断された患者さんに、卵円孔開存症は高頻度で認めると報告されています。いずれの病気も診断方法としては、心臓超音波検査で診断することが可能です。

Q 心房中隔欠損症や卵円孔開存症の治療を教えてください

心房中隔欠損があるからといって、全例治療が必要なわけではありません。心房中隔欠損症では心臓に負担がかかっていない場合、基本的には治療は不要であり、経過観察となります。欠損孔を通る血流が増加し、心臓に負担がかかってくると治療が必要となります。心房中隔欠損を閉じる治療法としては、①開心術による外科治療、②カテーテルによる欠損孔の閉鎖術の2つがあります。

一方、卵円孔開存では欠損孔を通る血流が少なく、心臓に負担がかかることはありませんが、奇異性塞栓症による脳梗塞を起こしたことがある方は閉

鎖治療を検討する必要があります。奇異性塞栓による脳梗塞は薬物治療に加え、カテーテルによる卵円孔開存に対する閉鎖術を行うことによって、脳梗塞の再発を大きく減らすことが2017年に大々的に報告されました。それを受け、日本においても2019年12月に奇異性塞栓症予防に対する卵円孔開存症に対するカテーテル閉鎖術が新たに認可され、当院はカテーテル閉鎖術の認定施設となっています。

奇異性塞栓症の診断や再発予防に関する治療には、脳梗塞の専門的な知識も必要であり、第二内科だけではなく脳神経内科や脳神経外科を含めたBrain Heart teamで診断および治療法を検討しています。

心房中隔欠損症の外科的治療とカテーテル治療のそれぞれの特徴を教えてください

心房中隔欠損症に対する外科的な手術は、全身麻酔で胸部を切開し、人工心肺を使って心臓を停止した状態で欠損部を直接縫合したり、欠損孔を人工の布で塞いだりする治療です。外科治療の利点としては、心房中隔欠損の位置や大きさによらず治療できること、治療の歴史が長いことなどが挙げられます。

一方、カテーテルによる閉鎖術（図2）は大腿部（だいたいぶ）の静脈を刺しカテーテルを挿入し、左心房までケーブルにつながれた閉鎖栓を運び、経食道心エコー（図3）で観察しながら、閉鎖栓で心房中隔を挟み、しっ

かりと固定されていることを確認し、閉鎖栓を放し留置します。カテーテル治療の特徴としては、胸を切らないため体への侵襲（しんしゅう）（負担）が少なく、すぐに社会復帰できる長所があります。カテーテルによる閉鎖術における注意点としては、留置後の閉鎖栓が脱落してしまうことや、閉鎖栓周囲の心臓の組織を傷つけてしまう"心びらん"といった合併症があります。

どちらの治療を選択するかは術前の欠損孔の形態評価が非常に重要です。また、患者さんには外科的閉鎖術およびカテーテル閉鎖術、それぞれの特徴を十分理解した上で治療を受けていただくことが大切です。当院では循環器内科と心臓血管外科で協議し、いずれかの治療が望ましいかを十分検討した上で治療を行っています。2016年より当院では、心房中隔欠損症のカテーテルによる閉鎖術を行っていますが、今まで大きな合併症はなく治療後の経過も良好です。今後も患者さんに負担の少ない治療を安全に提供していきたいと私たちは考えています。

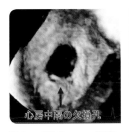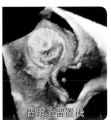

図3　3D心エコー画像
左は閉鎖前、右は閉鎖後です

一言メモ

1. 先天性心疾患で最も多い心房中隔欠損症は、中年以降になって初めて診断される方も多くいます。

2. 心房中隔欠損症の閉鎖手術は、形態的にもカテーテル閉鎖術が可能な例も多くなり、当院でも治療成績は良好な結果が得られています。しかし、外科治療が適切な孔の形態もあり、胸部外科と協議してより良い治療法を提供しています。

3. 奇異性塞栓による脳梗塞を発症した卵円孔開存症に対して、カテーテル閉鎖術による脳梗塞予防の治療が2019年12月より認可され、当院では心房中隔欠損症だけでなく、卵円孔開存症に対してもカテーテル治療が可能です。卵円孔開存症は原因不明の若年性脳梗塞の原因となっている可能性があります。

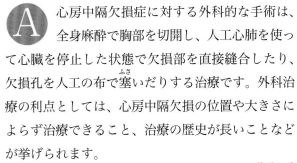

欠損孔を確認します　大腿静脈より左心房へカテーテルを挿入します　欠損孔に近づけていきます
欠損孔の中心部に位置を合わせます　右心房側のディスクを開きます　カテーテルから閉鎖栓を離します

St.Jude Medical 提供

図2　カテーテル閉鎖術
右心房側からカテーテルを通して閉鎖栓を留置します

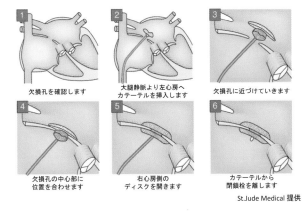

心房中隔の欠損孔　　閉鎖栓留置後

20 慢性血栓塞栓性肺高血圧症の治療
——慢性血栓塞栓性肺高血圧症

第二内科（循環器内科）
じょうほう　しゅう　じ
城宝 秀司 診療教授

Q 慢性血栓塞栓性肺高血圧症とは、どんな病気ですか？

A まんせいけっせんそくせんせいはいこうけつあつしょう
慢性血栓塞栓性肺高血圧症は指定難病の1つで、Chronic ThromboEmbolic Pulmonary Hypertension（CTEPH）の略称で、最近は「シーテフ」と呼ばれています（写真1）。

CTEPH は、肺の血管の中に長い間血栓が詰まって血液が流れにくくなり、肺高血圧症（肺動脈にかかる圧が上昇する状態）になる病気です。左右の肺の血管がさまざまな場所で詰まるため、肺で酸素の取り入れを行うことが難しくなり、息苦しさが出てきます（写真2）。

また、肺の血管が詰まるために、肺に血液を送り込む心臓（右心室）に負担がかかるようになり、全身の血液の流れがとどこおると、体のだるさや少し歩いただけで疲れやすさを感じるようになります。病気が進行すると、歩いているときに突然意識を失ってその場に倒れこんでしまうことがあります。

血栓というと、かさぶたのようなドロっとした血の塊を連想するかもしれませんが、この病気の血栓はできてから長い時間がたっているので、白っぽい組織に置き換えられた血栓が貼りついた状態になり、血管の中はレンコンの根っこの断面のようになります。

はいそくせんしょう
これまでに肺塞栓症になったことのある方は、CTEPH が隠れているかもしれません。一方で、肺塞栓症になっていないのにこの病気と診断される方も少なくありません。

CTEPH と診断するには、心臓カテーテル検査で肺動脈の圧力を測らないといけません。また、肺の血管の中で、狭い箇所や詰まっている箇所を血管造

CTEPH 選択的肺動脈造影

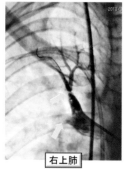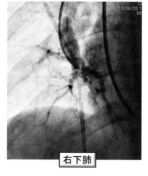

写真1　肺動脈の狭い箇所や詰まっている箇所を確認することができます

CTEPH 肺血流シンチグラフィー

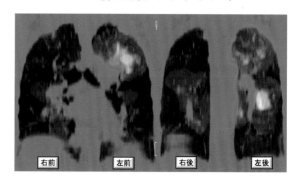

写真2　血流が良好な箇所は赤く、不良の箇所は黒く描出され、血流の低下した箇所が確認できます

50

影で確認することも必要です。そのほか、肺活量の検査や肺の血流が悪い箇所を映し出す検査など、いくつかの検査を組み合わせて、総合的に判断します。

 CTEPHは、どのように治療するのですか?

 肺血管の中の溶けにくい血栓を外科的に取り除く、肺血管内膜摘除術（PEA）がまず考えられますが、全国でも限られた施設でしか実施していません。しかし、高齢の方、ほかに重篤な病気をお持ちの方、手術を希望しない方などは、この手術の適応となりにくいのが現状です。

全身状態が悪いために施設までの移動が困難な患者さんもいます。当院では、このような患者さんを対象に、カテーテルによるバルーン肺動脈形成術（BPA）を2011年より実施しています。狭くなった多くの血管をバルーン（風船）で拡張していく治療方法です（写真3）。カテーテル治療を複数回行うことが必要ですが、全身麻酔や胸を開く外科的処置は必要ないので、80歳以上の方にも実施可能です。

当院にはBPAを受けて、社会復帰されている方が多くいらっしゃいます。また、肺動脈圧が25mmHg以下になることを目標に治療を行っています。CTEPHと診断された方はもちろん、これまでに肺塞栓症の治療を受けたことがあり、息切れや疲れやすさのある方は、ぜひ専門医を受診されることをお勧めします。

内科的治療としては、抗凝固薬（新しい血栓ができるのを予防する）、肺血管拡張薬（血管を広げ血の流れをよくする）が使われます。また低酸素血症の方には酸素療法が使用されます。

 日常生活で気をつけることはありますか?

 1．薬について

抗凝固薬は生涯必要です。飲み忘れると症状が悪化するおそれがあります。特に、ワルファリンを内服している場合は、食べてはいけない食品の遵守と血液検査（プロトロンビン時間）の定期的なフォローが必要です。

2．酸素療法について

酸素を携帯しないと、低酸素になって肺高血圧が悪化するので注意が必要です。重症の患者さんは、酸素なしで動くと意識を失って倒れる場合があります。

3．日常生活の中でどの程度動いてもよいのかについて

病気の重症度によって異なりますので、担当医の指示に従ってください。息切れや体のだるさが以前より強くなった場合は、すみやかに担当医に相談しましょう。運動検査結果から、適正な運動量についても指導することができます。ぜひ相談してください。

選択的肺血管造影（治療前後）

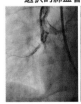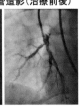

肺血流シンチグラフフィー（治療前後）

写真3　BPAを実施すると、閉塞が解除されて肺血流もよくなりました

一言メモ

1. 慢性血栓塞栓性肺高血圧症は、肺の血管の中に血栓が詰まって血液が流れにくくなり、肺高血圧症になる病気です。

2. 根本的治療である外科的治療が受けられない場合でも、BPAやバルーンによる肺動脈形成術により症状が改善します。ぜひ専門医に相談してください。

3. 薬の治療、特に抗凝固薬は生涯必要です。

4. 日常生活の活動度については、担当医とよく相談してください。

21 腎臓移植

——末期腎不全

透析部
やまざき ひでのり
山﨑 秀憲 助教

泌尿器科
きたむら ひろし
北村 寛 教授

Q 腎臓移植（腎移植）とは、どのような治療ですか？

腎臓の働きが悪くなり、回復しない状態を末期腎不全と呼びます。末期腎不全の患者さんには腎臓の働きを替わりに行う治療、すなわち「腎代替療法」が必要となります。腎代替療法には大きく「透析療法」と「腎移植」に分けられます。

腎移植は、提供を受ける腎臓が健康な親族の方からか、お亡くなりになられた方からかによって、さらに「生体腎移植」と「献腎移植」に分けられます。透析療法は、腎臓の働きの一部を肩代わりする治療ですが、腎移植では失った腎臓の機能を回復させる治療法で、末期腎不全に対する唯一の根治療法です。そのため、健康な人とほぼ同等の生活を送ることができるようになり、女性の場合は妊娠や出産、小児の場合は成長や発育が期待できるようになります。ただし、提供いただいた腎臓を長期に生着させるためには、拒絶反応（他人の臓器を排除しようとする体の反応）を起こさないよう免疫抑制薬を毎日欠かさず内服し、生活習慣病にかからないよう食生活などに気をつける必要があります。

Q 腎移植手術はすぐに受けることができますか？

生体腎移植では、腎提供者（ドナー）および受腎者（レシピエント）とも活動性のある感染症やがん、全身麻酔手術に耐えられない病気がないことなどを入念にチェックされ、またレシピエントのワクチン接種が完了した上で手術日が決定されます。初診時から手術まで、最低でも半年を要します。献腎移植はドナーが突然発生するため緊急手術となります。そのため常日頃から体調管理をしっかりしておくことが大切です。

Q 腎移植手術はどのような手術ですか？

まず、ドナーの方から左右どちらかの腎臓を採取します（ドナー腎採取術）。当院では腹腔鏡を用いて、少しでも腎提供者の体の負担が軽くなるよう努めています（図1）。

腹腔鏡下ドナー腎採取術には、傷が小さく体への負担が軽い、術後早期に回復する、体の奥深くでも執刀医をはじめ複数の医師で術野を確認できる、などのメリットがあります。採取した腎臓はレシピエ

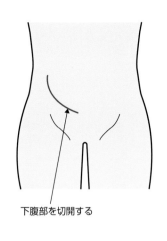
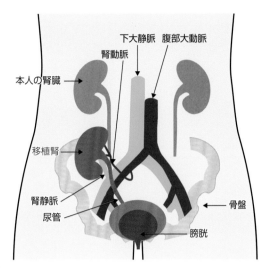

下腹部を切開する

本人の腎臓 ← 腎動脈

下大静脈　腹部大動脈

移植腎

腎静脈

尿管

膀胱

骨盤 →

図2　腎移植の創と移植される場所

開腹手術
（従来）

腹腔鏡手術
（当院で実施）

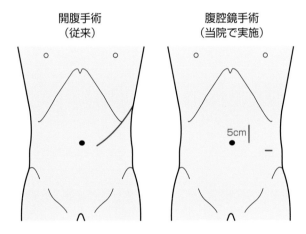

5cm

図1　当院で実施している腹腔鏡下ドナー腎採取術（左）の手術創

ントの下腹部に血管と尿路をつなぎ合わせて移植します（図2）。ドナーの方の入院は約1週間、レシピエントの方の入院は術後の薬剤の調節などが必要なため、約1か月間要します。退院後もドナーおよびレシピエントの方とも定期的に通院いただき、腎機能が保たれるよう努めます。

Q　血液型が異なっても腎臓移植は可能ですか？

A　可能です。一昔前までは、例えばA型からB型の人への移植「ABO血液型不適合腎移植」は、激しい拒絶反応が起きるため禁忌とされていました。最近では、免疫抑制薬の進歩と手術

前の十分な脱感作療法（血液型に対する抗体を除去し、少なくする治療）により、ABO血液型適合腎移植と遜色のない良好な成績をあげています。

Q　透析を受ける前でも腎臓移植は可能ですか？

A　可能です。患者さんの腎機能が正常の30％を下回り、腎臓を提供していただける家族の方がいる場合には専門医へご相談ください。透析に先行して行われる腎移植を「先行的腎移植」と呼び、近年少しずつ増えてきています。

一言メモ

1. 当院では生体腎移植、献腎移植のいずれにも対応しています。

2. 生体腎移植を希望される方はドナーの方と一緒に受診いただき、必要な検査について十分な説明を受けてください。

3. 献腎移植のレシピエント登録についても、随時受け付けています。主治医の先生にまずはご相談いただき、地域連携室へ受診の手続きをとってください。

22 胆管結石の内視鏡治療

——胆管結石

第三内科（消化器内科）
安田 一朗 教授

Q 胆管結石って何ですか？

肝臓で作った胆汁を十二指腸まで運ぶ管を「胆管」といいますが、この胆管の途中には胆汁を蓄えておく「胆のう」という袋がくっついています。一般に「胆石」というと、胆のうにある「胆のう結石」をイメージしますが、胆汁の通り道にできる石はすべて「胆石」ですので、「胆管」にある石も「胆石」です。つまり「胆石」には「胆のう結石」と「胆管結石」があります（図1）。

「胆のう結石」の多くは無症状で経過し、生涯において腹痛などの症状が出る人は1〜2割といわれています。これに対して「胆管結石」は必ず症状が出現し、その症状も腹痛のほか発熱、黄疸を伴い、迅速に治療を行わないと重症胆管炎となり、敗血症から生命が危険な状態に陥ることもあります。

Q どのように治療するのですか？

内視鏡（胃カメラ）を使って治療します。胆管の出口は2〜3mmの管がようやく通るぐらい狭いので、そのままでは胆管の中の石を取り出すことはできません。そこでまずは、内視鏡を胆管の出口がある十二指腸まで挿入し、胆管の出口を電気ナイフで切開して広げます（図2左）。続いて石をつかむ篭状の道具を胆管の中に挿入し、石をつかんで取り出します（図2右）。

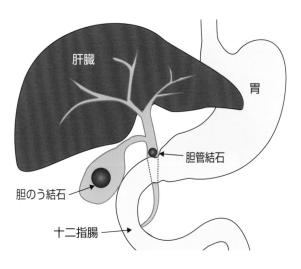

図1　胆石の種類
胆のうにある石が「胆のう結石」、胆管にある石が「胆管結石」

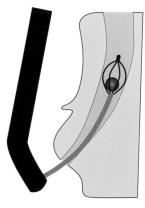

図2　胆管結石の内視鏡治療
胆管の出口をナイフで切開し広げ（左写真）、胆管の中の石をつかんで取り出します（右図）

Q どんな石でも内視鏡で治療できますか?

A 9割がたの胆管結石は前述の方法で治療できますが、なかには治療が難しい場合があります。例えば、大きな石は出口を切っても取り出せないことがありますが、そうした場合は、出口を大きな風船を使ってもっと広げたり、石を胆管の中で破砕して小さくしてから取り出します（図3）。石を破砕する方法は、籠状の道具で石をつかんでから籠を締め上げて砕く方法が一般的ですが、石が非常に大きかったり、胆管に嵌まり込んでいたりして、うまくつかめないことがあります。こうした場合、開腹手術が行われることもありますが、当院では胆管の中に細い内視鏡（経口胆道鏡）を挿入し、結石を見ながら電気水圧衝撃波で結石を破砕する方法を行っています（図4）。

また、胃や食道、十二指腸、胆管、膵臓などの手術を受けたことのある方は手術の際に腸をつなぎ直していることがあり、つなぎ方によっては胆管の出口までの距離が長く、通常の内視鏡では到達できないことがあります。こうした症例に対して、当院ではバルーン内視鏡という特殊な長い内視鏡を使った治療を行っています（図5）。

このようにほぼすべての胆管結石が、当院では開腹手術を行うことなく、内視鏡的に治療されています。

電気水圧衝撃波
経口胆道鏡

結石

電気水圧衝撃波

図4　経口胆道鏡での結石破砕

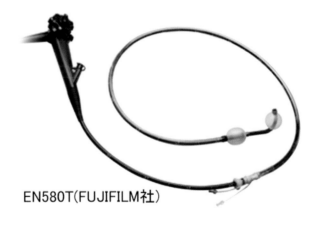

EN580T(FUJIFILM社)

図5　バルーン内視鏡

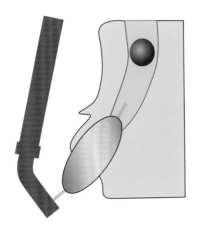

図3　大きな風船での胆管出口の拡張

一言メモ

- 胆管結石は必ず治療しなければなりません。

- 胆管結石は外科手術ではなく内視鏡を使って治療できます。

- 当院では経口胆道鏡やバルーン内視鏡といった特殊な内視鏡を使って、通常治療が難しい症例も治療しています。

大腸がんの早期発見・早期治療

——大腸がん

光学医療診療部
ふじなみ はるか
藤浪 斗 診療教授

てみたら陰性だった」などの理由で精密検査を避けて通ってはいけません。1回でも陽性であればがんの疑いがあるため、必ず精密検査を受けてください。

早期大腸がんには症状がありますか?

 大腸がんに伴う症状として、腹痛、便秘、下痢、血便、食欲不振、体重減少などがあげられますが、いずれの症状も出現したときにはかなり進行した状態です。また、かなりの進行がんでも症状がないこともあります。早期の大腸がんともなると、症状は全くありません。進行がん（図1a）と早期がん（図1b）の典型的な写真を示します。早期がんでは症状が出ないことが一目瞭然です。

　早期がんは症状がないため、大腸がん検診（便潜血検査）で要精密検査となり、大腸内視鏡検査を受けて発見されるケースが最も多いです。しかし、「2回のうち1回だけ陽性なので大丈夫」「もう1回受け

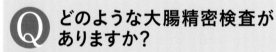 どのような大腸精密検査がありますか?

　大腸精密検査には、内視鏡検査、CT検査、注腸造影検査がありますが、最も多く行われているのが大腸内視鏡検査です。大腸内視鏡検査を受けて、最も多く発見される疾患が大腸ポリープです。大腸ポリープにはさまざまな形や大きさのものがあり、良性と悪性を区別する必要もあります。内視鏡検査技術の進歩により小さなポリープも発見しやすくなり、発見したポリープを色素染色や特殊光で観察し、さらに約100倍で拡大観察することで、良性と悪性の区別も可能になりました。当院ではこうした技術で適切な診断を行い、安全にかつ完全に切除できるものについては、日帰りでポリープの切除を実施しています。

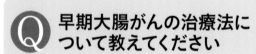 早期大腸がんの治療法について教えてください

　内視鏡診断で早期大腸がんと診断された場合、切除後の再発のない治療を行う必要があります。特に大きさが20mmを超えると、一括して切除することが難しく、取り残して再発する危険性もあります。このような早期大腸がんに対しては、内視鏡的粘膜下層剥離術（ESD）で治療を行

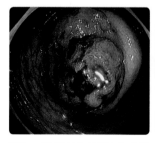 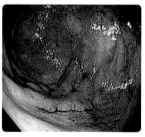

図1a：進行がんはがんによる狭窄で、便も通らない状態です　　図1b：早期大腸がんは内視鏡でも発見が難しく、症状は全くありません

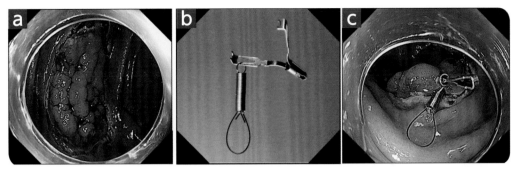

a：大腸がんに沿って周りの粘膜を1周切り離します／b：ばねの力で病変を牽引する「S−Oクリップ」です
c：S-Oクリップを切除する病変の一端に設置します

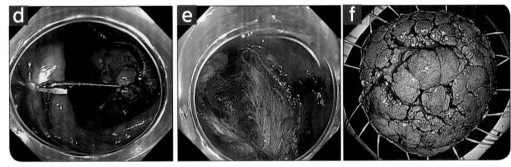

d：ばねを適度に引っ張り固定することで、一定の牽引力が得られます
e：粘膜下層がばねの牽引力で視認性が向上し、安全・確実な治療が可能です
f：切除した病変は、病理検査に提出し、治療効果を判定します

図2　大腸ESD

います。

　大腸ESDは2012年に保険適用となった治療法です。胃や食道もESDが行われていますが、大腸のESDが特に難しい理由は、大腸壁の厚みが胃壁の半分くらいの2〜3mmしかないことです。このような薄い大腸の表面一部を高周波ナイフで薄く剥がすこの治療は、慎重で確実な治療技術が要求されます。大腸壁が薄いため、ちょっとした操作ミスで穿孔（腸に孔があくこと）などの偶発症を招く危険性があります。また、大腸がんが存在する部分でも治療難易度が大きく違うため、治療技術に習熟した内視鏡医のいる医療機関で治療を受ける必要があります。

　大腸ESDの方法は、まず病変のあるところまで内視鏡を挿入します。大腸がんの周囲をよく観察し、病変の周囲粘膜を高周波ナイフで1周切り離します。粘膜下層に十分液体を注入し膨隆させてから、粘膜下層を高周波ナイフで剥離していきます。この粘膜下層の剥離を効率よく行うために、当院では病変を一定方向に牽引できるS-Oクリップ®（Zeon

medical社）を用いて治療を行います。このS-Oクリップ®による牽引効果で、剥離する粘膜下層の視認性が向上し、治療が安全・確実に行うことが可能になります（図2a〜f）。当院ではこの方法を2017年6月から導入し、治療完遂率の向上、手術時間の短縮と、偶発症率の低下を達成しています。

　当院での大腸ESDは手術前日からの入院を行い、腫瘍の大きさや出血等の合併症にも左右されますが、平均5日の入院で治療をしています。

　大腸精密検査から難度の高い内視鏡治療まで、患者さんの負担が少ない検査・治療を目指し、スタッフ一同サポートしています。

一言メモ

- 大腸がんの早期発見には、症状が出てからではなく、便潜血が1回でも陽性であれば「大腸内視鏡検査」を受けましょう。

- 大腸ESDでは難易度の高い内視鏡治療ですので、治療経験数の多い医療機関での治療をお勧めします。

24 肝細胞がんの集学的治療

――肝細胞がん

第三内科（消化器内科）
田尻 和人（たじり かずと） 診療教授

Q 肝細胞がんって、どんな病気ですか？

肝臓由来の細胞から発生した原発性肝がんのうち9割以上が肝細胞がんで、多くはウイルス性肝炎などの慢性肝疾患を背景に起こります。わが国で最も多い原因であったC型肝炎ウイルス感染は治療の進歩により減少し、脂肪肝などの非ウイルス性の原因が増加しています（図1）。肝がんは自覚症状の少ない病気です。慢性肝炎、肝硬変などの慢性肝疾患のある肝臓に発生することが多く、慢性肝疾患のある患者さんは定期的に血液検査、エコー検査などの画像検査を受けることが大事です。

肝細胞がんの治療は、がんの進行度だけでなく全身状態・肝臓の予備力によって決まります（図2）。肝細胞がんは再発が多くみられることが特徴です。そのため、肝臓の予備力を保持するように気をつけながら治療を行っていきます。

Q ラジオ波治療って、どんな治療なの？

ラジオ波治療は1999年から国内で実施されるようになり、2004年から保険収載されて全国に普及しました。当科では2000年からラジオ波治療を行っています。先端が電極となった直径1.5mmの針をエコーガイド下に腫瘍（しゅよう）に穿刺（せんし）し、450kHzの高周波（ラジオ波）で通電加熱し、腫瘍を凝固（ぎょうこ）壊死（えし）させます。

一般的な適応は、腫瘍径5cm以下で単発、3cm以下で3個以内です。また肝予備能が比較的保持されていることや、血小板数5万以上などです。当科では、通常エコーで観察しにくい場所には人工的に胸水・腹水を作成し、造影エコー、CT・MRI画像によるナビゲーションなどを行い、工夫してラジオ波治療を実施しています。血小板や凝固因子の不足した患者さんでは、薬剤の投与や輸血により適応を拡大して行っています。複数の針を同時に穿刺することで、大型の病変を焼灼（しょうしゃく）する穿刺針や、先端の通電域を可変でき、複数病変を効率的に治療できる穿刺針も使用可能となっています。最近、当院も参加した、手術とラジオ波治療を無作為に比較する

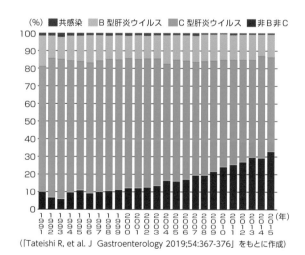

図1 肝細胞がんの患者数の原因の推移について

（「Tateishi R, et al. J Gastroenterology 2019;54:367-376」をもとに作成）

SURF（サーフ）試験の結果が一部発表され、2cm程度までの小肝がんであれば手術とラジオ波の治療成績に差がないことが報告されています。ラジオ波治療の可能性は、ますます広がっています。

Q　肝細胞がんに有効な薬物治療ってあるのですか?

A　2000年代前半まで、肝細胞がんに有効性が確認された薬剤はありませんでしたが、2009年に分子標的薬ソラフェニブが、進行肝細胞がんに対して初めて生存延長効果が確認された薬剤として登場しました。それ以降、さまざまな薬剤の開発が試みられましたが、長らく新規の有効な薬剤は出てきませんでした。

しかし、2017年にレゴラフェニブがソラフェニブ無効な進行肝細胞がん患者さんの二次治療として生存延長効果が確認され、2018年にはソラフェニブと同等以上の効果を示す薬剤としてレンバチニブが登場しました。2019年にはラムシルマブも使用可能となり、使用できる分子標的薬は現在3剤となりました。今後は、免疫チェックポイント阻害剤が使用可能となってくる予定ですが、免疫チェックポイント阻害剤は分子標的薬との併用により、その効果が増強されることが期待されています（図3左）。

当科では、分子標的薬に肝動脈経由の抗がん剤治療を積極的に併用することで、治療成績が向上することを報告しています（図3右）。新規治療法を適切に使用し、また、さまざまな工夫を加えていくことで、肝細胞がんの予後の延長が期待できます。ただし、こうした新規薬剤の多くは肝予備能が良好な場合にしか使えないことがあり、実臨床においては肝予備能を良好に保持することが極めて重要であ

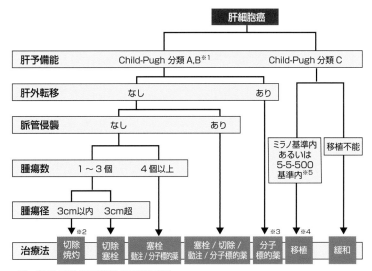

※1：肝切除の場合は肝障害度による評価を推奨
※2：腫瘍数1個なら①切除、②焼灼
※3：Child-Pugh分類Aのみ
※4：患者年齢は65歳以下
※5：遠隔転移や脈管侵襲なし、腫瘍径5cm以内かつ腫瘍数5個以内かつAFP500ng/mL以下
（日本肝臓学会 編「肝癌診療ガイドライン2017年版補訂版」2020年,P70,金原出版）

図2　肝細胞がん治療アルゴリズム

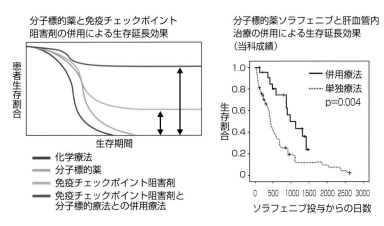

（「Sharma P, Allison JP. Cell 2015;161:2015-214.」をもとに作成）

図3　肝細胞がんに対する薬物併用療法の成績

り、背景の肝炎・肝硬変自体の治療や、肝予備能を低下させない治療法の選択が重要となります。

一言メモ

1. 肝細胞がんの治療の決定には肝臓の予備力が重要です。

2. ラジオ波治療は小型肝がんに極めて有効な治療法です。

3. 肝細胞がん治療は新規薬剤の登場により治療成績は向上しています。

4. 肝細胞がんの治療には適切な治療選択に加え、背景の肝炎・肝硬変に対する治療による肝予備力の維持向上も大変重要です。

炎症性腸疾患の治療
——潰瘍性大腸炎、クローン病

第三内科（消化器内科）
なんじょう そうはち
南條 宗八 診療講師

Q 炎症性腸疾患（潰瘍性大腸炎、クローン病）はどんな病気？

かいようせいだいちょうえん
潰瘍性大腸炎は大腸に、クローン病は口から肛門までの消化管全体に炎症が生じる病気です。免疫異常の遺伝的素因、食事や喫煙などの環境因子、腸内細菌などが関連し消化管の慢性炎症を引き起こすと考えられています。環境因子には、食事や喫煙のほか、睡眠、薬剤、精神的ストレス、ビタミンD、衛生環境などが含まれます。

しかし、原因は十分に解明されておらず、難病に指定されています。患者数は毎年増加しており、2017年報告の全国疫学調査（難治性疾患克服研究事業）によると、潰瘍性大腸炎が約22万人、クローン病が約7万人と推定されています。当院では約130人の潰瘍性大腸炎患者さん、約100人のクローン病患者さんが定期通院しており、その多くを富山県内および近隣医療圏の診療所や総合病院から紹介いただいています。

Q 炎症性腸疾患の検査とは？

潰瘍性大腸炎の病勢評価には大腸内視鏡検査が重要ですが、患者さんの負担を伴います。そのため、症状が強い状態での内視鏡

寛解維持
QOL 維持・向上

適切な
治療選択

適切な評価
身体所見
血液検査
内視鏡検査

適切な診断

図　炎症性腸疾患診療イメージ

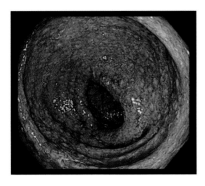

写真1
潰瘍性大腸炎

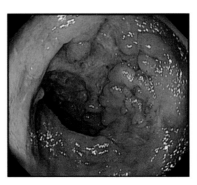

写真2
クローン病（回腸）

検査では鎮痛剤や鎮静剤を適切に使用し患者さんの苦痛軽減に努めています。また、症状のない状態（寛解）での病勢評価には便検査（便中カルプロテクチン検査）を積極的に利用し負担軽減に取り組んでいます。便中カルプロテクチンは大腸の炎症の程度とよく相関することが分かっています。

クローン病では、活動性の小腸病変があっても血液検査（CRP値など）が正常の患者さんがいます。活動性病変を放っておくと腸が狭くなる（狭窄）などの合併症を生じることがあり、小腸内視鏡検査による小腸病変の評価が重要です。

当科ではバルーン内視鏡検査、カプセル内視鏡検査ともにそれぞれ毎年約100件の診療実績があります。カプセル内視鏡検査は長径26.2mmのカプセル型内視鏡を飲み込んで小腸内の写真を撮る検査で、患者さんへの負担が少ないです。小腸が狭くなっていない（狭窄病変のない）クローン病患者さんが対象になります。

Q 炎症性腸疾患の治療とは？

 炎症性腸疾患の治療は2000年以降、急激に進歩しました。メサラジン製剤、ステロイドの他、免疫調節薬、免疫抑制薬、抗TNF-α抗体製剤、抗IL-12/23 p40抗体製剤、抗α4β7インテグリン抗体製剤、JAK阻害剤、血球成分除去療法とさまざまな治療法が選択可能となっており、

今後も新たな作用メカニズムの薬剤の開発・発売が期待されています。

一方で、病気の勢いが非常に強い場合や内科的治療が十分に効かない場合には、外科手術が必要です。適切な外科手術のタイミングを逃せば生命に危険が及ぶため、その判断が重要です。特に、高齢者では内科的治療にこだわり過ぎず、早めに外科治療を選択することが勧められています。治療には多くの選択肢がありますが、どの治療もメリットとともにデメリットやリスクを伴うため、個別の患者さんに合った適切な治療法を選ぶことが重要です。

Q 炎症性腸疾患は完治しますか？

 現在の医療では炎症性腸疾患（潰瘍性大腸炎、クローン病）を完治させることはできず、症状のない状態（寛解）を達成し、維持することが治療の目標です。寛解となった後も適切な治療を継続することで、寛解を維持することができます。

一生の間、付き合っていかなければならない病気ですので、患者さん自身が病気をよく理解し、治療に臨んでいただくことが重要です。当科では個別の患者さんの病状や全身状態に合った適切な治療法を選択し、患者さんの生活の質（QOL）が維持・向上するよう努めています。

消化器がんに対する薬物療法
——消化器がん

第三内科（消化器内科）
<ruby>安藤<rt>あんどう</rt></ruby> <ruby>孝将<rt>たかゆき</rt></ruby> 診療准教授

Q 消化器がんの治療方針はどのように決まり、どんな場合に抗がん剤治療が必要となりますか？

A 消化器とは、食べ物の通り道である、食道、胃、小腸、大腸から肝臓、胆<ruby>嚢<rt>たんのう</rt></ruby>、胆管、<ruby>膵臓<rt>すいぞう</rt></ruby>に至るまで、主に消化にかかわる幅広い臓器を指します。治療方針を決めるには、内視鏡や超音波検査により生検を行って診断を確定し、その後、CT、MRI、PET-CT 検査などにより、<ruby>腫瘍<rt>しゅよう</rt></ruby>のステージを決める必要があります。

　具体的な治療内容を決めるにあたっては、消化器内科・消化器外科・放射線科の医師によるキャンサーボードと呼ばれる検討会で、一人ひとりの患者さんの治療方針を話し合います。

　消化器がんに対する治療の中で、抗がん剤を始めとする薬物療法は、手術と同様に、多くの場面で必要とされます。切除ができない場合や切除後の再発に対してはもちろんですが、がんを<ruby>根治<rt>こんち</rt></ruby>させるために手術前や手術後に行う補助的な治療や、放射線治療との併用療法なども挙げられます。また、使用にあたっては、さまざまな遺伝子検査が必要となることもあります。

Q 大腸がんの薬物療法の具体的な内容は、どのように決定されますか？

A 大腸がんにおいては、治療を始める前の遺伝子検査が必須です。まず、治療前に *KRAS*、*NRAS*、*BRAF* という３つの遺伝子に異常があるかどうかを調べます（図１）。次に、がんが大腸の左側または右側いずれにあるのか、により適切な治療薬剤が決まります。これは、遺伝子異常やがんの発生する部位によって、薬剤の効果が異なるためです。また、*BRAF* 遺伝子に異常を認める大腸がんは、進行が早く、抗がん剤が効きにくいのですが、最近の臨床試験により、有効性の高い治療法が報告されました。BRAF 阻害剤のエンコラフェニブのほか、MEK 阻害剤と抗 EGFR 抗体薬の３剤を併用する治療法であり、今後の保険承認が待たれます。

　2018 年 12 月には、がん細胞の DNA に含まれ

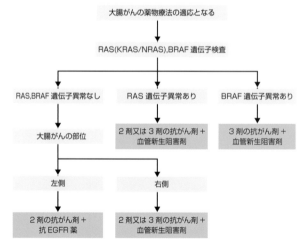

図１　大腸がんの薬物療法の方針を決めるプロセス

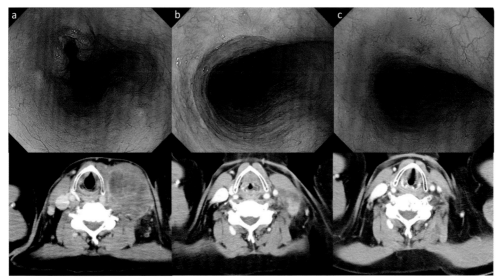

a: 食道がん、頸部リンパ節転移　　　b: 3剤の併用による化学療法3コース後　　　c: その後の化学放射線療法後

図3　食道がんの化学療法、および化学放射線療法後の治療経過の一例

るマイクロサテライトと呼ばれる特定の領域の異常を調べる検査が保険適用となりました。これは大腸がんのみならず、すべての消化器がんで調べることができます（図2）。マイクロサテライト不安定性という異常がある場合、30％以上の方で、がん免疫療法であるPD-1抗体が奏効します。

図2　消化器がんの薬物療法における遺伝子検査のタイミング

Q 食道がんで切除ができない場合、どんな治療がありますか？

A 食道は気管や心臓に接していますので、隣接する臓器に食道がんが進展している場合、手術が不可能と判断されることがあります。

食道がんで切除が難しいと判断された場合でも、治癒を期待できる治療法があります。その1つは、食道がんに対する化学放射線療法です。しかし、化学療法と放射線を同時に行っても、食道がんが消失するのは15％程度の患者さんです。

最近では、腎臓や心臓の機能が良い、元気な方に対して、5-FU、シスプラチン、ドセタキセルの3剤を組み合わせた強力な化学療法を行っています。これにより、60％程度の患者さんで食道がんが縮小することが明らかとなってきました（図3）。十分に縮小した場合には、再び治癒を目指すための手術を受けることが可能です。また、状況に応じて、手術の代わりに化学放射線療法を行うことで、治癒に至ることもあります（図3）。

参考文献：「大腸がん治療ガイドライン医師用 2019 年度版」（大腸癌研究会）http://www.jsccr.jp/guideline/2019/particular.html

一言メモ

1. 消化器がんの治療方針を決めるにあたっては、さまざまな検査により正確にステージを診断する必要があります。

2. 消化器がんにおいて、抗がん剤を始めとする薬物療法は、手術や放射線治療との組み合わされる場合も含めて、大切な治療法の一つです。

3. さまざまな遺伝子検査により、効果や副作用の出やすさを予測しながら、適切な薬剤を決めています。

リンパ腫サバイバーに骨の健康を

——悪性リンパ腫

第三内科(血液内科)

さ とう つとむ
佐藤 勉 教授

 悪性リンパ腫の治療で骨粗しょう症になるのですか?

がんサバイバーという言葉があります。がんの診断を受けてから、その後を生きていく人たちのことです。このがんサバイバーに、がん治療の副作用として発症する骨粗しょう症は大きな問題です。圧迫骨折で背骨が曲がったり、痛みが続いたりすると、いきいきとした毎日は過ごせません。特に乳がんや前立腺がんで行われるホルモン療法では骨密度が大きく低下しますので、乳がんサバイバーや前立腺がんサバイバーには骨粗しょう症

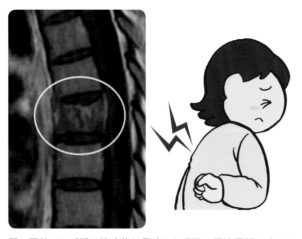

図　悪性リンパ腫の治療後に発症した脊椎の圧迫骨折です。ひどい痛みで動けなくなりました

の内服薬や注射が予防的に投与されています。

それでは悪性リンパ腫の治療ではどうでしょうか。悪性リンパ腫に対する代表的な抗がん剤治療はR-CHOP療法で、5つの薬の頭文字をとってこのように呼ばれています。Rはリツキシマブを表しますが、この薬が2001年に登場して以来、悪性リンパ腫の治療成績は飛躍的に向上しました。治癒することも決してまれではなく、たくさんのリンパ腫サバイバーが誕生しました。そして、このようなリンパ腫サバイバーにもしばしば圧迫骨折など、骨のトラブルが発生していることに気がつきました。

Q **どうして骨粗しょう症になるのですか?**

その原因はおそらくプレドニゾロンです。これはR-CHOP療法のPに該当するステロイド剤で、骨粗しょう症が副作用として有名です。
こうげんびょう
膠原病などでプレドニゾロンを内服する場合、骨粗しょう症の治療薬も併用することが多いのですが、R-CHOP療法では骨粗しょう症が気にされることはありませんでした。R-CHOP療法は、3週間のうち5日間しかプレドニゾロンを内服しないので大丈夫だろうと誰もが思っていたのです。しかし1日の内服量は100mgと大量です。本当に大丈夫なのかと調べてみたところ、もともと骨のしっかりしている若い男性を中心にしたグループでも、R-CHOP療法後では骨密度がはっきりと低下していました。そのため、骨粗しょう症の治療薬であるデノスマブをR-CHOP療法に併用すると、もとも

写真1　Horizon X® で骨密度を測定している様子です

と骨密度の低い高齢女性を中心にしたグループでも、骨密度の低下がしっかりと予防されました。

Q どうすれば骨粗しょう症が予防できますか？

A 私たちの研究から、骨粗しょう症の治療薬を併用することが、リンパ腫サバイバーに骨の健康をもたらすことが分かりました。しかし、いくつもある骨粗しょう症の治療薬のうち、どれが最良なのかは分かっていません。このことを明らかにするために、富山大学附属病院血液内科では、臨床研究管理センターのサポートを得て、北陸造血器腫瘍研究会に所属する北陸三県の主要な血液内科と合同で行う大規模な臨床試験を実施します。代表的な骨粗しょう症の治療薬であるビスホスホネートとデノスマブの効果を比較する試験ですが、いずれにしても骨粗しょう症の治療薬をR-CHOP療法と併用することが重要なのだと考えています。

　悪性リンパ腫に限らず、多発性骨髄腫、急性白血病、慢性白血病など、造血器腫瘍に対する画期的な新薬がここ数年で続々と登場しました。その効果は目を見張るばかりですが、やはりどんな特効薬にも副作用はつきものです。この副作用を上手にコントロールしなければ、抗がん剤の本当の効き目を十分

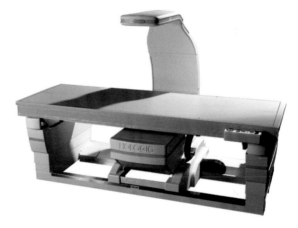

写真2　骨密度を測定する機械、Horizon X® です

に得ることはできません。私たちは抗がん剤の副作用に細心の注意を払い、それを和らげることで「優しいがん治療」を目指しています。リンパ腫サバイバーに骨の健康を。「優しいがん治療」の1つとしてこのテーマを推進していきます。

一言メモ

抗がん剤の進歩には目覚しいものがあります。信じられないような画期的な新薬が次々に登場し、不治の病だった「がん」は少しずつ怖い病気ではなくなってきました。しかし、クスリには副作用がつきものです。抗がん剤の副作用を上手にコントロールするテクニック、それが抗がん剤の効果を最大限に引き出すために必要です。

28 多発性骨髄腫における治療の進歩 新規抗がん剤治療の出現

——多発性骨髄腫

第三内科（血液内科）
和田 暁法 診療准教授

 Q 多発性骨髄腫とは、どのような病気ですか？

4大症状

高カルシウム血症
腎障害
貧血
骨障害

CRAB（かに）

英語の頭文字を並べて CRAB
症状といいます

図1　これらの症状が出現すると治療の対象になります。最も頻度の多い症状が骨の症状です

A 血液の悪性腫瘍（がん）では悪性リンパ腫、白血病に続いて3番目に患者さんが多い病気です。最新の2018年のがん登録・統計では、全国での罹患（発症）数が7700人程度とされ、毎年人口10万人当たりおよそ5人が罹患するとされています。現時点では原因は分かっていませんが、さまざまな感染症から身を守る白血球の一部分である形質細胞が腫瘍化（がん化）し、骨髄の中で増殖することで起こる病気です。若い方が発症することはまれで、65歳以降に発症することが全体の8割程度を占めることが特徴です。

　症状を「図1」に示しますが、貧血や腎臓の働きが弱くなるなど、さまざまな症状をきたし、「図2」のように骨がもろくなることで骨折をしやすくなります。血液の病気にもかかわらず、腰痛など「骨の症状を契機に診断される」ことが半数以上とされます。かつては治療成績が良いとは言えませんでしたが、ここ10年で治療の進歩が最も目覚ましい病気でもあります。残念ながら、現時点でも完治（完全に治癒する）は難しいとされます。

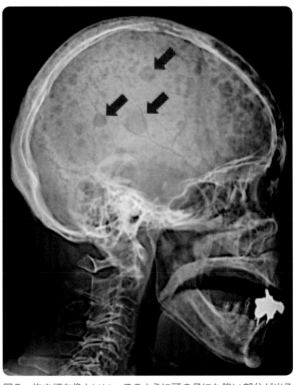

図2　抜き打ち像といい、このように頭の骨にも脆い部分が出ることがあります

Q 多発性骨髄腫にはどのような治療がありますか？

 大きく分けて「骨髄腫細胞を減らす治療」と「症状を抑える治療」の2つに分けることができます。この2つを同時に行うことが最も重要です。

まず、「骨髄腫細胞を減らす治療」は主に抗がん剤が担います。抗がん剤の進歩は次の項目でまとめたいと思いますが、65歳以下で元気な方（＝自分で歩け、心臓などの臓器に障害のない方です）には自分の血液中の造血幹細胞といって、言わば血液のタネとなる細胞を予め採取し、大量の抗がん剤後に戻す「自家末梢血幹細胞移植（じかまっしょうけつかんさいぼういしょく）」を行うことで、より長生きが期待されます。

「症状を抑える治療」にはさまざまなものがありますが、特に骨が脆（もろ）くなることを防ぐ骨粗（こつそ）しょう症に使用する薬剤が重要です。抗がん剤が何であったかにかかわらず、骨粗しょう症に対する薬剤をより積極的に使用すると、長生きに繋がる報告もなされています。また、痛みが強い場合には麻薬などの鎮痛剤や放射線照射、手術を用いた骨の補強などで痛みを和らげることを積極的に行います。「骨が折れてしまった、安静に…」と言いたいところですが、痛みを取って筋力をなるべく落とさないことが重要です。

Q 多発性骨髄腫の抗がん剤治療には、どのようなものがありますか？

 抗がん剤には2006年以降使用可能となった「プロテアソーム阻害剤」「免疫調整薬」「モノクローナル抗体医薬品」と大きく分けて働きの異なる3系統の薬剤があります。各々の系統にさらに数種類の薬剤があり、「図3」に示すように現在国内では合わせて9種類の新規薬剤が使用可能です。国内において初発（最初の治療）で使用できるのは、「ボルテゾミブ」「レナリドマイド」「ダラツ

ムマブ」の3種類に限られており、この中から1〜2種類の薬剤とステロイドを組み合わせた治療で、最初の治療を行います。

それでは、なぜ1〜2種類と幅があるのでしょうか？　近年は、より早期に多くの薬剤で腫瘍の量を減らすことが長生きに繋がることが分かってきていますが、多くの薬剤となると副作用も強くなります。また薬剤ごとに副作用の出方も変わってきます。この病気は65歳以降に発症することが多い病気であり、副作用で逆に症状を悪くしてしまっては本末転倒です。年齢や脆弱性（ぜいじゃくせい）といって身体機能や認知機能などを総合的に判断して、治療を選んでいく必要があります。

その後、薬が効かなくなってきた場合にその他の薬剤を順次組み合わせて投与しますが、これも骨髄腫細胞自体の性質や、前の治療薬、患者さんの状態などいろいろな要素で選択しますので、治療の組み合わせは非常に多くなります。

新規抗骨髄腫薬の登場

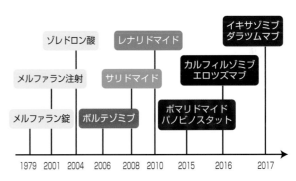

図3　多くの抗がん剤が登場し、治療の選択肢が広がりました

一言メモ

- なかなか良くならない腰痛では採血検査で貧血がないことを確認してください。

- 骨粗しょう症に対する薬剤を使用する前には、副作用の顎骨壊死（がっこつえし）を予防するため歯科を受診してください。

- 化学療法に対する支持療法の発達により、ほとんどの化学療法は外来にて行われます。

29 漢方薬による認知症治療

——認知症

和漢診療科

渡り 英俊 診療講師

和漢診療科

嶋田 豊 教授

 認知症に漢方薬は有効ですか？

 超高齢社会に入った日本では、認知症が大きな問題となっています。認知症の原因には、アルツハイマー病、血管性認知症、レビー小体病などがあります。症状には、認知機能障害である中核症状と、それに伴ってみられる行動・心理症状（BPSD）があります（図1）。

BPSDは周辺症状ともいわれ、陽性症状と陰性症状に分けることがあります。陽性症状は、幻覚、妄想、せん妄、徘徊、興奮、暴力、暴言などの興奮性の症状です。陰性症状は、抑うつ、無気力、意欲低下、無関心、無言などの抑制性の症状です。症状が進むと患者さんばかりでなく、家族や周囲の人も介護の負担が増え、生活に支障をきたすことになります。

医学が進歩した現代でも根本的な治療があるわけではありませんが、有効な薬がいくつか使えるようになってきました。漢方薬もBPSDに有用とされ診療に取り入れられています。

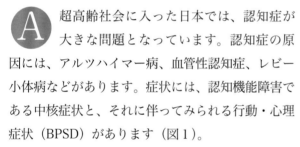

図1 認知症の中核症状と行動・心理症状（BPSD）

 認知症にはどんな漢方薬が使われますか？

 一般的に認知症の治療で漢方薬は、BPSDをやわらげる目的で使用されます。抑肝散（よくかんさん）が代表的な漢方薬で、その有効性を裏づける臨床試験結果がいくつか報告されています。日本老年医学会のガイドラインでも、認知症に伴うBPSDのうち、易怒（いど）（ささいなことで怒りやすくなること）、幻覚、妄想、昼夜逆転、興奮、暴言、暴力などの陽性症状に有効であるとされています。

釣藤散（ちょうとうさん）も認知症のBPSDに用いることがあります。この漢方薬は、一般的には高血圧傾向の慢性頭痛などの患者さんに使われることが多いのですが、当科では血管性認知症に対する臨床研究で、会話の

煎じ薬

写真　当科では医療用漢方製剤（エキス剤）のほかに、本格的な生薬（煎じ薬）による漢方治療も行っています

自発性、表情の乏しさ、夜間せん妄、睡眠障害、幻覚、妄想などに有効であったことを報告しています（図2）。BPSDの陽性症状のみならず、陰性症状にも試みてよい漢方薬ではないかと思われます。当科では基礎研究も行っており、釣藤散の血流改善作用や神経細胞保護作用なども明らかにしています。

認知症に期待される漢方薬は、ほかにありませんか？

帰脾湯（き ひ とう）という漢方薬が期待できると思われます。精神不安、神経症、不眠症などの患者さんに処方されることが多い漢方薬ですが、中国の古い医学書『済生方』（さいせいほう）には、「健忘とはしばしば忘れることをいうが、帰脾湯は健忘を治します」と書かれてあり、認知症の患者さんに使われていた可能性が考えられます。

　私たちは、アルツハイマー病患者さんに帰脾湯を4か月間内服してもらい、内服期間の前後で認知機能の測定を行いました。その結果、帰脾湯を内服した4か月間では内服しない4か月間と比較して、認知機能が維持されていたことが明らかとなりました。今後さらなる検討が必要ですが、帰脾湯が認知症の中核症状に有効である可能性が期待されます。

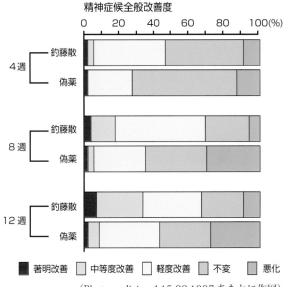

精神症候全般改善度

凡例：著明改善　中等度改善　軽度改善　不変　悪化

（Phytomedicine 4:15-22,1997 をもとに作図）

図2　血管性認知症の精神症状に対する釣藤散の効果
釣藤散のほうが薬の成分を含まない偽薬よりも改善率が高いことが分かります

一言メモ

- 当科では東洋医学と西洋医学を融合した診療を行っています。漢方治療のみならず、必要に応じて西洋医学の治療を併用し、ほかの診療科とも連携をとって診療にあたっています。必要に応じて現代医学的な検査も行います。

- 当科では医療用漢方製剤（エキス剤）のほかに、本格的な生薬（煎じ薬）による健康保険を使った診療も行っています。この場合、患者さんは自宅で煎じていただくことになります（写真）。

- 当科を受診する患者さんは、消化器疾患、呼吸器疾患、循環器疾患、リウマチ・膠原病（こうげんびょう）、神経疾患、糖尿病などの内科疾患のほか、皮膚科疾患、婦人科疾患、耳鼻咽喉科疾患、精神科疾患、疼痛性疾患（とうつう）などさまざまです。冷え症や虚弱体質など、西洋医学ではあまり治療の対象とならない患者さんも多く受診します。

30 脳梗塞の急性期治療と予防治療
——脳梗塞

脳神経内科
温井 孝昌 (ぬくい たかまさ) 助教

脳梗塞とは、どんな病気ですか?

脳梗塞(のうこうそく)は、脳に栄養を送っている血管が、主に血液の塊(血栓)(かたまり けっせん)によって閉塞(へいそく)し、脳組織が傷害を受ける病気です。血栓は、動脈硬化で狭くなった部位に生じて血管を閉塞する場合と、心臓や血管にできた血栓が脳の血管に運ばれていき血管を閉塞する場合があります(図1)。

基本的に脳梗塞は、突然に発症し、しゃべりにくい、左右どちらか片側の顔面や手足が動かしにくい、などの症状が現れます(図2)。ほかには、脳梗塞の部位によって言葉が出にくくなったり、物忘れが出現したり、目が見えにくくなったりすることもあります。意識については、障害される場合と正常の場合があります。

脳組織は、脳梗塞によって傷害を受けると、時間の経過とともには回復できない状態となり、後遺症として麻痺症状(まひ)が残る場合があります。実際、脳梗塞は介護状態につながることが最も多い病気です。したがって、脳梗塞が疑われる症状が現れた場合は、すぐに病院を受診することが重要です。

脳梗塞の診断には、頭部MRI検査が有用です。当院では放射線科と協力し、脳梗塞が疑われる

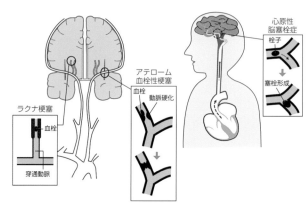

図1 脳梗塞は、脳を栄養する血管が閉塞して、脳組織が傷害を受ける病気です

患者さんについては緊急で頭部MRI検査を実施し、早期の診断と治療を行う体制を整えています。

脳梗塞を発症したら、どんな治療が行われますか?

脳梗塞を発症してから4時間半以内で、治療の適応を満たした場合は、経静脈的血栓溶解療法(t-PA療法)を行うことができます。

t-PA療法は、t-PAという血栓を溶かす作用のある薬を1時間で点滴投与する治療です。t-PA療法により血栓が溶解し、閉塞した血管が開通した場合は、劇的に症状が改善することがあります(写真)。t-PA療法を行っても症状が改善せず、閉塞した血管が開通しない場合は、脳梗塞を発症してから8時間以内であれば、カテーテル治療による血栓回収術を行うことができます。当院では、2018年4月に包括的脳卒中センターを開設し、脳神経内科、脳神経外科、救急科が連携をとり、t-PA療法やカテーテル治療を行える体制をとっています。これらの治

すぐにできる脳卒中チェック：FAST

Face…顔のマヒ
片側がゆがむ

Arm…腕のマヒ
片腕が下がっていく

Speech…ろれつが回らない
…あの…ん……えっと…
うまく言葉が出てこない

これらの症状が一つでもある場合はすぐに救急車を呼びましょう！

Time…発症時刻
救急車　8時です!!
発症時刻を確認してすぐに119番を！

図2　もしかして脳梗塞？　FAST を心がけてください

療を行うためには、脳梗塞が発症してから少なくとも3時間以内には受診する必要があり、脳梗塞が疑われた場合は、すぐに病院を受診することが重要です。

　t-PA 療法やカテーテル治療ができなかった場合は、抗血栓薬という血栓をできにくくする薬を点滴や内服で投与します。ほかには、脳組織を守る脳保護薬の点滴治療も行います。

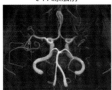
t-PA療法前
左側の血管が閉塞している(矢印)

t-PA療法後
t-PA療法後に左側の血管が開通した(矢印)

t-PA療法後
小さな脳梗塞のみで後遺症なく退院された

写真　t-PA 療法で閉塞した血管が開通し、劇的に改善することがあります

Q 脳梗塞を予防するためには、どんな治療を行いますか？

A 脳梗塞は、体の中で血栓が作られて血管を閉塞する病気のため、一度でも脳梗塞になった患者さんは、血栓を作りにくくする抗血栓薬という薬を服用する必要があります。飲み忘れたり、服用を中断したりすると、脳梗塞が再発する可能性があるため、服用を継続することが大切です。

　抗血栓薬にはいくつかの種類があり、患者さんごとに薬を選択する必要がありますが、当科では複数の脳卒中専門医の話し合いのもとで適切な診断を行い、各々の患者さんに合った抗血栓薬の選択をしています。また、国内の脳梗塞の治療指針である『脳卒中治療ガイドライン2015』抗血栓薬の部分の作成を当科が担当しています。

　脳梗塞を発症する危険因子として、高血圧、糖尿病、脂質異常症、喫煙、心房細動（しんぼうさい）、メタボリック症候群などが知られています（表）。脳梗塞にならないためには、これらの危険因子を管理する必要があり、当科ではこれらの危険因子を発見し、厳格に治療することにより脳梗塞の予防に努めています。

脳卒中予防の十か条

① 手始めに　高血圧から　治しましょう
② 糖尿病　放っておいたら　悔い残る
③ 不整脈　見つかり次第　すぐ受診
④ 予防には　タバコを止める　意思を持て
⑤ アルコール　控えめは薬　過ぎれば毒
⑥ 高すぎる　コレステロールも　見逃すな
⑦ お食事の　塩分・脂肪　控えめに
⑧ 体力に　合った運動　続けよう
⑨ 万病の　引き金になる　太りすぎ
⑩ 脳卒中　起きたらすぐに　病院へ

番外編　お薬は　勝手にやめずに　相談を

（公益社団法人日本脳卒中協会ホームページ
http://www.jsa-web.org/citizen/85.html をもとに作成）

表　脳卒中を予防するための十か条を心がけ、脳卒中にならないようにすることが大切です

一言メモ

1. 脳梗塞は、要介護状態となる病気の第1位、死亡原因の第4位です。

2. 脳は血管が閉塞すると、時間の経過とともに回復できない状態になります。

3. 脳梗塞が疑われた場合は、早急に病院を受診する必要があります。

4. 当科には脳卒中専門医が多数在籍し、脳神経外科、救急科、放射線科と連携をとり、急性期から慢性期にかけて幅広く脳梗塞治療に取り組んでいます。

パーキンソン病の診断と適切な治療

——パーキンソン病

脳神経内科
道具 伸浩（どうぐ のぶひろ）診療講師

❶ 手足のふるえ（振戦）　❷ 筋肉が固くなる（固縮）

❸ 動きが遅くなる（無動）　❹ バランスが悪くなる（姿勢反射障害）

図1　パーキンソン病の4大症状

Q パーキンソン病とは、どんな病気ですか？

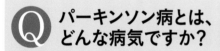

A　パーキンソン病は、大脳の神経伝達物質であるドパミンを作る脳細胞が減少するため、ドパミンが不足して発症します。1000人に1〜1.5人ほどにみられますが、高齢になるにつれて患者数が増加します。

　パーキンソン病の症状（運動症状）には、①安静時のふるえ（安静時振戦）、②筋肉が固くなる（固縮）、③動きが遅くなる（無動）、④倒れやすくなる（姿勢反射障害）の4大症状があります（図1）。初めは4つすべての症状ではなく、片側にだけ出現しますが、進行すると左右両側にみられるようになります。運動症状以外の症状には、便秘や起立性低血圧などの自律神経障害、嚥下障害、嗅覚障害、睡眠障害が知られています。

　かつては、進行すると数年で寝たきり状態になるため恐れられていましたが、近年は種々のパーキンソン病治療薬や手術療法などで症状は軽快し、仕事を長く続けることも可能です。早期に治療を行うことで、日常生活の不便さを軽減させることも可能であり、治療の進歩により寿命は一般の方の集まりと遜色ないレベルまで改善しています。

Q パーキンソン病の薬には、どのようなものがありますか？

A　パーキンソン病に使用する薬剤には、さまざまなものがあります（表）。基本的な薬剤はレボドパ（L-dopa）であり、最も強力に作用しますが薬剤の半減期が短いため、レボドパだけを数年間使用していると体がくねくねと動きすぎる（ジスキネジア）ようになったり、急に効果が切れたり（ウェアリング−オフ現象、オン−オフ現象）するようになります。そのため、レボドパに他の薬剤を併用することが多くなります。

　併用する薬剤には、ドパミンアゴニスト（レボドパと同じようにドパミン受容体に作用する薬剤で、

種　類	作　用
レボドパ含有製剤	ドパミンの前駆物質。脳内でドパミンに変化する
ドパミン受容体刺激薬	脳内でドパミンが作用する部位（受容体）に結合する。麦角系と非麦角系にわかれる
アマンタジン塩酸塩	脳内でドパミンの放出を促進する
MAO-B 阻害薬	脳内でのドパミンの分解を抑制して、ドパミンの効果を長持ちさせる
COMT 阻害薬	血中でのドパミンの分解を抑制して、ドパミンの効果を長持ちさせる
抗コリン薬	脳内でのドパミンとアセチルコリンのバランスを是正する
ドロキシドパ	ノルアドレナリンの前駆物質。すくみ足に効果がある
アデノシン A2A 受容体拮抗薬	ドパミンの減少によって相対的に強くなったアデノシンの作用を抑える
ゾニサミド	ドパミンの代謝にかかわるチロシン水酸化酵素の活性を上昇させる

表　パーキンソン病治療に使われる薬剤

半減期が長い）と MAO-B 阻害薬（脳内でのレボドパの半減期を延ばす薬剤）、COMT 阻害薬（血中でのレボドパの半減期を延ばす薬剤）、ゾニサミド、アデノシン A2A 受容体拮抗薬などがあります。

　どの薬剤から開始するかについては厳密な決まりはありませんが、若年例ではドパミンアゴニストもしくは MAO-B 阻害薬から、高齢者ではレボドパから処方を開始することが多く、他の薬剤は患者さんのライフスタイルに合わせたり、副作用をみながら調節しています。

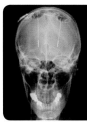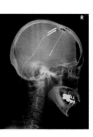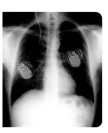

図2　脳深部刺激電極植込み術後のレントゲン写真

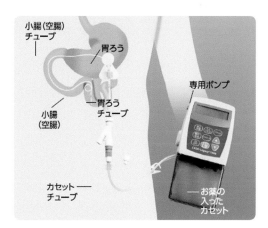

図3　レボドパ持続経腸療法（LCIG）の模式図
（提供：アッヴィ株式会社）

Q パーキンソン病が進行すると、どうなりますか？

A レボドパ製剤の長期使用によって、前述のジスキネジア、ウェアリング－オフ現象といった日内変動が生じます。10年以上の長期経過によって、認知症（幻覚が生じやすくなったり、精神症状を伴ったりします）や、自律神経障害（排尿障害や起立性低血圧）が生じてきます。

　日内変動に対しては、レボドパ製剤の少量分割投与やドパミンアゴニストの併用で対応しますが、幻視や精神症状が生じた場合は、薬剤全体を減量する必要もあります。内服治療で不十分な患者さんには手術療法を相談することがあります。手術を伴う療法には、脳深部刺激療法（DBS）と、レボドパ持続経腸療法（LCIG）という選択肢があります。DBSの場合は、脳神経外科に依頼して手術を受けていただきます。LCIG の場合には胃瘻（いろう）を造設する必要が

あります。どちらも一長一短がありますが、日内変動を減らすことができ、薬剤を減量させることが可能になります。

一言メモ

1. 国内では 1000 人に 1 ～ 1.5 人がパーキンソン病といわれています。

2. 4 大症状として、安静時振戦、固縮、無動、姿勢反射障害があります。

3. 根治療法はありませんが、有効な薬剤が多種類あり、服薬により症状は改善します。

4. 症状が進んだときには、薬剤の調整や手術を行う選択肢があります。

32 免疫性神経疾患の診断と最適な治療

—— 多発性硬化症（MS）・視神経脊髄炎（NMOSD）、
慢性炎症性脱髄性多発神経炎（CIDP）

脳神経内科
なかつじ ゆうじ
中辻 裕司 教授

脳神経内科
はやし ともひろ
林 智宏 医員

 **多発性硬化症（MS）って
どんな病気？**

 多発性硬化症（MS）は中枢神経系（脳・脊髄）に脱髄病巣（図1）ができて、病巣の場所によって脱力、しびれ、歩行障害、視力障害、頻尿などさまざまな症状を呈します。20〜50歳代の若年成人女性に多い病気で、男女比は約1対3です。多くは一旦発症すると良くなったり（寛解）、悪くなったり（再発）を繰り返します。

　例えば、手足は脳神経細胞の指令が電気コードの電線に相当する神経軸索で伝えられ動きますが、電線を取り巻く絶縁体に相当する髄鞘が障害され、指令が伝わらず、麻痺やしびれとして現れます。原因は、本来自分を感染などから守る免疫システムが誤って自分の体を攻撃する自己免疫疾患と考えられています。

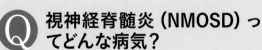 **視神経脊髄炎（NMOSD）ってどんな病気？**

 MSとよく似ていて区別がつきにくい病気ですが、視神経障害による視力障害や、脊髄障害による歩行障害、排尿障害、体幹や足のしびれが主な症状です。一般にNMOSD（エヌエムオーエスディー）と呼ばれます。MSと比較して重症で、女性がより多い（男女比1対9）という特徴があります。

　原因は抗アクアポリン4抗体という自己抗体ができて、脳脊髄に存在するアストロサイトという細胞を障害することで、2次的に神経障害をきたします。また最近では抗MOG抗体関連疾患というNMOSDに類似した自己免疫疾患もあるので注意深く診断します。

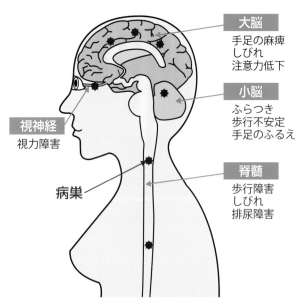

図1　大脳、小脳、脊髄、視神経に病巣ができ、さまざまな症状が出現します

多発性硬化症と視神経脊髄炎の治療はどうしますか？

 急性期（初発、再発期）治療と再発予防治療（寛解期）に分けて考えます（表）。

- **急性期治療**：MS、NMOSD ともにステロイドパルス療法という副腎皮質ホルモンの点滴治療を行います。効果不十分なとき、血液浄化療法という治療を行います。

- **MS の再発予防治療**：現在、国内では①インターフェロン・ベータ(ベタフェロン®、アボネックス®)、②グラチラマー酢酸塩（コパキソン®）、③フマル酸ジメチル（テクフィデラ®）、④フィンゴリモド（イムセラ®、ジレニア®）、⑤ナタリズマブ（タイサブリ®）が認可されています。これらの薬は疾患修飾薬と呼ばれ、患者さんの予後を格段に改善できるようになりました。ただし効果が大きい反面、副作用もあること、患者さんによって効く人、効かない人がいることを考慮し、慎重に治療する必要があります。

- **NMOSD の再発予防治療**：MS と異なり、基本は少量のステロイド剤を服薬しながら、効果不十分なときや、ステロイドの副作用を軽減する目的で免疫抑制剤を併用します。NMOSD に対する疾患修飾薬としてエクリズマブ（ソリリス®）が最近認可され、他剤の認可も期待されています。

	MS	NMOSD
急性期治療	ステロイドパルス療法 血液浄化療法	ステロイドパルス療法 血液浄化療法
再発予防治療	インターフェロン-β グラチラマー酢酸塩 フマル酸ジメチル フィンゴリモド ナタリズマブ	ステロイド剤内服 免疫抑制剤 エクリズマブ

表　MS と NMOSD の急性期および再発予防の治療

慢性炎症性脱髄性多発神経炎 (CIDP) ってどんな病気？

 2か月以上かけてゆっくり進行する手足の筋力低下（手足に力が入らない、疲れやすい、手足が思うように動かない）や、感覚障害（手足がしびれる、足裏の感覚がにぶい）を生じる末梢神経の病気です。

患者数は 10 万人あたり 2 人程度で、発症年齢は小児～高齢者まで広い年齢層にまたがります。前記の MS や NMOSD と同様に、神経軸索をとりかこむ髄鞘に対する自己免疫異常が原因と考えられており（図2）、再発・寛解を繰り返します。MS や NMOSD は中枢神経に病巣ができる病気ですが、CIDP は末梢神経に病巣ができる病気である点で異なります。

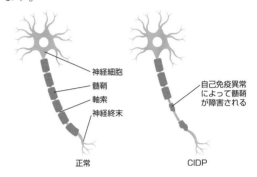

図2　CIDP は、末梢神経の髄鞘が障害（＝脱髄）される病気です

慢性炎症性脱髄性多発神経炎の治療はどうしますか？

 急性期（初発、再発期）治療と再発予防治療（寛解期）に分けて考えます。

- **急性期治療**：免疫グロブリン点滴治療、ステロイド治療、血漿交換療法が 3 本柱です。CIDP の診断であればいずれかの治療で効果があるといわれています。健康な人から集められた免疫グロブリンや、副腎ステロイドを点滴することで自分の細胞を攻撃する自己免疫異常を抑えることが期待されます。血漿交換は血液中の異常な自己抗体を直接取り除く治療です。

- **再発予防治療**：定期的な免疫グロブリン（IVIg）療法や、経口の副腎皮質ステロイドの内服を行います。再発を繰り返すことで症状がさらに進行するため、再発に関係なく定期的に治療を繰り返します。

33 トラベルクリニックでは どんなことをしていますか?

——渡航先での感染症

感染症科
うえの あきとし
上野 亨敏 診療助手

感染症科
さかまき いっぺい
酒巻 一平 診療教授

感染症科
やまもと よしひろ
山本 善裕 教授

Q 海外渡航前にどんなことを するべきですか?

 トラベルクリニックでは、より安全に海外に渡航し現地で過ごすための医学的な助言を行っています。具体的には、渡航先で問題となる可能性のある感染症に対しての予防策の案内やワクチンの接種、予防内服薬の処方などを行っています。

海外の渡航先、渡航期間、活動内容、滞在先の環境などにより、注意すべき感染症は異なり、また年齢によって接種したことのあるワクチンが異なります。海外渡航を考えている方々それぞれの事情に合わせて、接種するワクチンを考える必要があります。渡航前のワクチンは複数回の接種が必要なものが多くありますので、2か月前にはワクチンのスケジュールを決めなければいけません。当院でのワクチン接種を希望される方は、なるべく早く受診していただけますとスムーズです。なお、当院で取り扱っているワクチン（2019年12月現在）は、国内で承認されたもののみとなっています。黄熱ワクチンや国内未承認の輸入ワクチンを希望される際は、他

図　虫に刺されないように、十分な対策が必要です。虫よけ薬には、ディートやイカリジンといった成分があります

院の受診をお勧めすることもあります。一度ご相談ください。

また、マラリアという感染症をご存知でしょうか。マラリアはアフリカ、東南アジア〜南アジア、南米で流行している感染症で、ハマダラカ（蚊）に刺されることで感染します。マラリアには熱帯熱マラリア、三日熱マラリア、卵形マラリアなど数種類が存在しますが、特に熱帯熱マラリアでは重症化し死亡するケースも多く、迅速な検査と治療が必要になります。まずは蚊に刺されないようにすることが重要ですが、活動内容や滞在環境によっては予防薬の内服をお勧めすることがあります。

そのほか、長期間渡航する際には、自分の健康状態を把握するために健康診断を受けることと、必要な歯科治療を済ませておくことをお勧めします。

海外から帰国した後に熱が出ました。心配です

海外渡航後に発熱した場合、海外特有の感染症を発症している可能性があります。有名なものでは、先ほども少し触れたマラリアが挙げられます。マラリアは海外、特にアフリカではよくみられる一方で、日本ではまだまだ症例数が少なく、十分な検査や治療が難しい施設がほとんどです。マラリアのタイプによって治療法が異なる点も日本での治療が難しい原因となっています。当院では北陸で唯一「熱帯病治療薬研究班」に参加しており、マラリアの検査とそれぞれのタイプに合わせた治療が可能です。心配であれば、一度受診することをお勧めします。

マラリア以外にもデング熱やジカ熱、チクングニア熱などの蚊によって媒介される感染症にも注意が必要です。これらはウイルス感染症で、有効な治療法がまだ開発されていないため対症療法を行います。多くは自然軽快しますが、重症化する例もあり入院が必要な場合もあります。そのほかにも海外渡航に関連した感染症は多くありますが、肺炎や腎盂腎炎、敗血症などの海外渡航とは関係ない重症感染

症を発症している可能性もあります。

一方で、旅行の疲れや上気道炎（かぜ）が原因である場合も多くあります。不安に思われる場合は、医療機関を受診して医師の診察を受けましょう。その際には海外渡航後であることを医師に伝えてください。

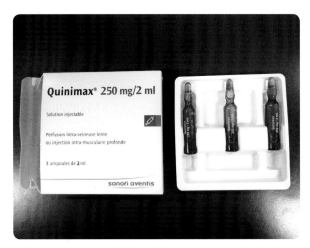

写真1　熱帯熱マラリアの治療薬。日本国内では流通していませんが、当院では常備しています

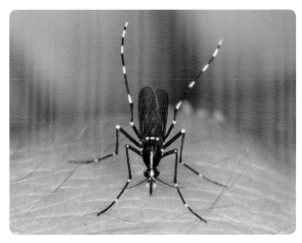

写真2　ヒトスジシマカ。デング熱の原因となる蚊の一種。日本にも生息しています（国立感染症研究所HPより）

一言メモ

- 安全に海外渡航をするために、事前に十分準備をしましょう。

- 海外特有の感染症予防に予防接種などの予防策が大切です。

- 海外渡航後に発熱した場合は特殊な感染症を発症している可能性があります。検査や治療が可能ですので、一度ご相談ください。

34 AIDS（エイズ）の最新治療

——AIDS（エイズ）

感染症科
かわ ご こ よみ
河合 暦美 医師

感染症科
なる かわ むね とし
鳴河 宗聡 臨床教授

感染症科
やま もと よし ひろ
山本 善裕 教授

 HIVとエイズは違うのですか？

 HIVはヒト免疫不全ウイルス（Human Immunodeficiency Virus）のことです。このウイルスは人間の免疫力に重要なリンパ球（CD4陽性細胞）に感染し、破壊していきます。

エイズとは後天性免疫不全症候群（Acquired Immuno-Deficiency Syndrome）のことです。HIV感染症の中でも特に免疫力が低下した状態です。

HIVに感染すると、CD4陽性細胞が徐々に減って免疫力が低下します。そして普段は感染しないような病原体にも感染しやすくなり、さまざまな病気を発症してしまいます。代表的な23の病気が決められており、HIV感染者がそれらの病気を発症した時点でエイズと診断されます。

HIVはどうやって感染するのですか？

HIVは感染した人の血液や精液、腟分泌物、母乳などに存在します。粘膜同士の接触（性行為など）や授乳、注射針やピアスの使いまわしで感染する可能性があります。不特定多数の

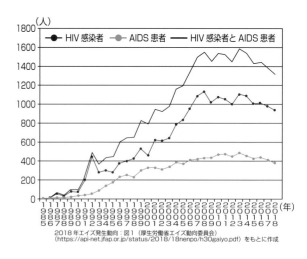

2018年エイズ発生動向：図1（厚生労働省エイズ動向委員会）
(https://api-net.jfap.or.jp/status/2018/18nenpo/h30gaiyo.pdf) をもとに作成

図1　2018年までのHIV感染者およびAIDS患者累積報告数

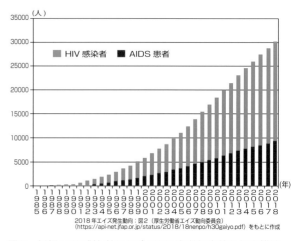

2018年エイズ発生動向：図2（厚生労働省エイズ動向委員会）
(https://api-net.jfap.or.jp/status/2018/18nenpo/h30gaiyo.pdf) をもとに作成

図2　新規HIV感染者およびAIDS患者報告数の年次推移

相手との性交渉は避け、コンドームを適切に使用することが重要です。歯ブラシやカミソリの共有も止めましょう。HIV以外にも、血液を介して感染するウイルスはほかにもあります。自分以外の血液を取り扱うときは十分に注意しましょう。

唾液や汗、痰、尿、便に基本的にはウイルスはいませんので、日常生活や軽いキス、介護などで感染することはありません。しかし口内炎があるときは出血の危険がありますので、ディープキスやオーラルセックスで感染する可能性があります。

「HIV感染者は子どもをつくることができない」と考えている方がいらっしゃると思いますが、医師と相談しながら計画的に妊娠・出産することも可能です。きちんと薬を飲んでウイルスの量を抑える、帝王切開で出産する、授乳しないなど、注意する点はありますが、子どもへの感染をほぼゼロにすることができます。

また、過去に薬害エイズ事件という出来事がありました。血液製剤という薬は、ヒトの血液を材料に製造されていますが、残念なことに過去に販売されていた血液製剤の中には、薬の中にHIVが混入したまま患者さんへ使用されたものもありました。そのことが原因で、多くのHIV感染者・エイズ患者を生み出してしまいました。現在の血液製剤は、安全性が確立された状態で販売しています。

Q エイズは不治の病と聞きましたが、感染すると死んでしまうのですか?

A エイズという病気が発見された頃は有効な治療法がなく、残念ながら亡くなってしまう方がたくさんおられました。

現在はHIVに対する新しい薬がどんどん開発されており、エイズを発症する前に免疫力の低下を防ぐことが可能です。またエイズを発症してしまった方でも、HIVの薬を開始すればある程度免疫力が回復します。毎日薬を飲み忘れなく、同じ時間にしっかりと服用することが重要です。薬を飲みながら通常通りに仕事や趣味を楽しむことができ、70歳代、80

歳代でも普通に生活している方がいらっしゃいます。

エイズが原因で亡くなる方は少なくなりましたが、HIV感染者も徐々に高齢化してきており、がんや脳梗塞、心筋梗塞、肺炎などの一般的な感染症、糖尿病などの合併に注意が必要です。

富山大学附属病院は、富山県内のエイズ治療拠点病院の1つです。HIV感染症以外の合併疾患のある患者さんに関しても、それぞれの専門家と連携しながら治療行っています。

Q HIVやエイズにはどんな治療がありますか?

A HIV感染症には飲み薬で治療を行っています。複数の種類の抗ウイルス薬を組み合わせて内服が必要です。過去には1日に飲む錠剤が10粒以上になることもありました。当時は飲むタイミングも細かく決められており、患者さんにとって大変な治療でした。現在は複数種類の薬が1粒に含まれており、その1粒だけで治療ができるようになりました。注射薬での治療についても開発が進められており、治療の選択肢が広がっていくと予想されます。

エイズに対しては、発症した感染症に合わせて治療を行っていきます。細菌やウイルス、カビなど、さまざまな微生物が原因となるので、適切に診断し、微生物に合わせた治療を行うことが重要です。特殊な検査が必要となることがありますので、専門医の受診をお勧めします。

一言メモ

- 当院の感染症科では、HIV感染症・エイズの診療を行っています。
- 一人ひとりが気をつけることで、HIVの感染を防ぐことができます。
- HIVに感染した後も、免疫力が下がらないように治療することが重要です。
- エイズを発症した後も、治療を始めることである程度免疫力の回復が期待できます。

35 皮膚レーザー治療の進化

——アザ治療、イボ治療

皮膚科
三澤 恵（みざわ めぐみ） 診療准教授

皮膚科
鹿児山 浩（かごやま こう） 助教

皮膚科
清水 忠道（しみず ただみち） 教授

Q 皮膚レーザーは何に効くのですか?

A 皮膚レーザーで治療できる疾患は、一般的にアザやシミと呼ばれる皮膚の色調の異常です。また、ウイルス性のイボにも効果があります。このうち、当院ではアザとイボの治療を行っています。大人になってからできるアザもありますが、多くは出生時および生後まもなくできることが多く、さまざまな種類があります（表）。

赤アザには乳児血管腫（いちご状血管腫）、毛細血管奇形（単純性血管腫）、毛細血管拡張症などがあり、局所的な血管の拡張や増殖によって起こりま

赤アザ	
乳児血管腫（いちご状血管腫）	苺のように盛り上がった赤アザ 徐々に大きくなるが5～6歳頃までに自然に消失することが多い 早期のレーザー治療で早く小さくすることができる
毛細血管奇形（単純性血管腫）	生まれつきの盛り上がりのない赤アザ 自然に消えることはない （顔面中心にできるサーモンパッチと呼ばれるタイプは 2歳頃までに薄くなることがある）
毛細血管拡張症	細い血管が浮いて見える状態
青アザ	
太田母斑	顔面の青アザ 生まれつきあることが多く、自然に消えることはない
遅発性太田母斑	20歳前後から両側の頬に出る斑点状の母斑
異所性蒙古斑	生まれつきの体の青アザ 成長と共に徐々に薄くなるが、色が濃いと残ることがある
茶アザ	
扁平母斑	生まれつきの薄い茶色のアザ 自然に消えることはない

表　アザの種類と特徴

す。青アザには太田母斑、遅発性太田母斑、異所性蒙古斑などがあり、皮膚の中の真皮といわれる部分でメラニン色素が増加している状態です。茶アザには扁平母斑があり、皮膚の表面（表皮）でメラニン色素が増加している状態です。

これらのアザの治療は、かつてはカバーマークなどで隠すか、あるいはドライアイスやグラインダーで削る方法もありましたが、十分に色が取れなかったり、色が取れても醜い痕が残ることが多いのが現状でした。しかし、最近では傷跡を生じにくいレーザー治療が主流になっています。

また、イボの治療は一般的に液体窒素による冷凍凝固療法が行われますが、イボの中には治りにくいものもあります。当院では治りにくいイボに対しても、レーザーによる治療を行っています。

Q アザのレーザー治療について教えてください

A アザの色の原因となるターゲット（血管内の赤血球やメラニン色素）に、選択的に吸収されやすい波長のレーザーを用いて、正常組織へのダメージを最小限に抑えてターゲットのみにダメージを与えることで治療を行います。

例えば当院では、青アザや茶アザにはメラニン色

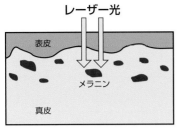
レーザー光
表皮
メラニン
真皮
①レーザーを色素が吸収する

②衝撃波により色素が粉砕される

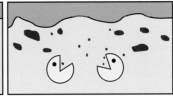
③貪食作用により色素が徐々に除去される

図1　レーザーが青・茶アザに効く仕組み

素によく反応する波長のレーザー（Qスイッチル
ビーレーザー、Qスイッチアレックスレーザー）、
赤アザには血液の赤い色によく反応する波長のレー
ザー（色素レーザー）といった使い分けをして治療
を行います。レーザーがアザに効く仕組みを青・茶
アザを例にとってみましょう（図1）。

　レーザーを照射するとメラニン色素が吸収し、衝
撃波によって色素が粉砕されます。粉砕されたメラ
ニン色素は生体が持っている異物を排除する仕組み
（貪食作用）により、色素が徐々に除去されます。
また、赤アザの場合は、レーザーを照射すると血管
を流れる赤血球に当たって熱をもち、その熱が血管
を潰すことで治療効果が発揮されます。

　レーザー照射後は軽いやけどの状態になりますの
で、清潔を保つことと軟膏を塗ってガーゼを貼る処
置が1週間程度必要になります。さらにレーザー照
射後の遮光は、色素沈着を起こさずきれいに治すた
めに重要です。基本的には3〜6か月に1回程度の
治療を行います。アザの種類や濃度によりますが、
治療終了まで3クールから6クール以上かかるこ
とが多いです。

Q イボのレーザー治療について教えてください

A　イボは一般的によく見られますが、ウイ
　　ルス感染によるものと、体質や加齢によ
るものに分けられます。ここではウイルス性のイボ
を取り上げます。

　皮膚に小さなキズができると、そこからウイルスが
入り込み、皮膚の一番深いところにある細胞に感染
することでイボができるとされています。そのため、
イボの治療はこのウイルスが感染した細胞を退治す

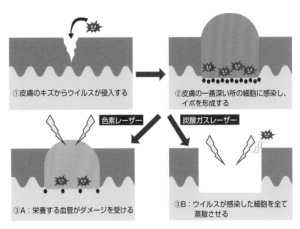
①皮膚のキズからウイルスが侵入する
②皮膚の一番深い所の細胞に感染し、イボを形成する
色素レーザー　炭酸ガスレーザー
③A：栄養する血管がダメージを受ける
③B：ウイルスが感染した細胞を全て蒸散させる

図2　レーザーがイボに効く仕組み

ることが目的となります。一般的に液体窒素による冷
凍凝固療法が行われますが、手のひらや足の裏のよ
うな皮膚が厚い場所では、効き目が弱く治りにくいと
されます。そのような治りにくいイボに対しては、色
素レーザーや炭酸ガスレーザーを使用します。レー
ザーがイボに効く仕組みをみてみましょう（図2）。

　まず色素レーザーは、赤アザの治療でも説明した
ように血管をつぶす効果があります。イボは成長す
るために血管を多く含んでいるため、血管を潰すこ
とでイボの成長を妨げることができます。次に炭酸
ガスレーザーは、水に吸収されやすい特徴があり、
照射すると細胞の中の水分に取り込まれ熱をもち、
治療部位の組織だけを蒸散させることができます。
局所麻酔を行えば痛みもなく、治療できます。

一言メモ

1. 皮膚レーザーで治療できるものに赤アザ、青アザ、茶アザ、イボがあります。

2. レーザーはアザの色の原因となるターゲットに選択的に吸収されるため、正常組織へのダメージを最小限に抑えて治療を行うことができます。

3. 治りにくいイボには色素レーザーや炭酸ガスレーザーが有効です。

36 乾癬の治療の幅が広がった ——バイオ製剤の導入

——乾癬

皮膚科
牧野　輝彦（まきの　てるひこ）　診療教授

Q 乾癬って、どんな病気？

乾癬（かんせん）は慢性の経過をとる皮膚疾患です。典型的な症状として銀白色のカサカサ（鱗屑〈りんせつ〉）が付着する赤い発疹（紅斑）が主に頭皮や体幹、四肢（しし）に生じる病気です（写真）。国内の患者数は10万人以上といわれています。男女比は2対1で男性に多く、男性では30歳代、女性では10歳代と50歳代での発症が多い傾向です。

　乾癬は症状によって、尋常性乾癬、滴状乾癬（てきじょう）、乾癬性紅皮症（こうひしょう）、膿疱性乾癬（のうほうせい）、関節症性乾癬の5つに分類されます。乾癬の原因についてはさまざまな研究が進んでいますが、まだ解明されていません。乾癬になりやすい体質があり、そこに感染症や精神的ス

トレス、薬剤などの要因が加わり発症すると考えられています。糖尿病や高脂血症、肥満なども乾癬に影響するといわれています。

　なお、乾癬になりやすい体質は遺伝するといわれていますが必ずしも発症するわけではなく、親が乾癬の場合、子どもが乾癬を発症するのは5％程度といわれています。また、「かんせん」という名前から誤解されやすいのですが、他人に感染する病気ではありません。

Q 乾癬はどのように治療するのですか？

　乾癬の治療方法は大きく分けて外用療法、光線療法、内服療法、バイオ製剤の4種類あります（図1）。患者さんの症状や生活スタイルに合わせて、これらの中から治療法を選択していきます。

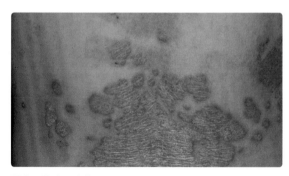

図1　乾癬治療のピラミッド
症状や生活スタイルに合わせて治療法を選択します
（「飯塚一：J Visual Dermatol 16(9);850-851,2017」株式会社学研メディカル秀潤社より改変）

写真　乾癬の症状
腰部に落屑を付着する紅斑を多数認めます

製剤名	インフリキシマブ	アダリムマブ	ウステキヌマブ	グセルクマブ	リサンキズマブ	セクキヌマブ	イキセキズマブ	ブロダルマブ
標的	TNF-α		IL-23p40	IL-23p19		IL-17A		IL-17受容体A
投与方法	点滴静注	皮下投与（自己注射可）	皮下投与			皮下投与（自己注射可）		皮下投与（自己注射可）
投与間隔	0,2,6週、以後8週間毎	2週間毎	0,4週、以後12週間毎	0,4週、以後8週間毎	0,4週、以後12週間毎	0,1,2,3,4週、以後4週間毎	12週まで2週間毎、以後2または4週間毎	0,1,2週、以後2週間毎

図2　バイオ製剤の種類と特徴

外用療法は乾癬の治療の基本であり、主に炎症を抑えるステロイド外用薬と皮膚の表皮細胞の増殖を抑えるビタミンD3外用剤が使われます。最近はこの2剤があらかじめ混合されている製剤も使われています。

外用療法だけでは良くならないときや、発疹の面積が広くなったときには光線療法が用いられます。以前より光に対する感受性を高める薬剤を内服あるいは外用してから長波長紫外線（UVA）を照射する「PUVA療法」が行われていましたが、最近では中波長紫外線（UVB）に含まれる有害な波長を取り除き、治療効果の高い波長のみを照射する「ナローバンドUVB療法」が一般的になってきました。また、治りにくい部位などにはターゲット型エキシマランプも用いられます。

内服療法には皮膚の細胞の過剰な増殖を抑えるレチノイド（ビタミンA誘導体）と免疫反応を抑えるシクロスポリンがあります。さらに近年、細胞内cAMP濃度を上昇させ炎症反応を抑制するアプレミラストや、関節リウマチに用いられていたメソトレキセートも乾癬の治療薬に加わりました。これらの治療で効果がみられない患者さんには、バイオテクノロジーを用いて開発された「バイオ製剤」が用いられます。

Q バイオ製剤による乾癬の治療とは？

A バイオ製剤は、体の免疫機能などにかかわる物質である「サイトカイン」の働きを弱める薬です。乾癬の症状と関係していることが明らかになったサイトカインとして、腫瘍壊死因子α（しゅようえ しいんし）（TNF-α）、インターロイキン23（IL-23）、IL-17があります。これらはいずれも免疫機能にかかわる重要なサイトカインですが、過剰に増えることで炎症を起こします。バイオ製剤はこれらのサイトカインをターゲットにしています。

現在、国内では8種類のバイオ製剤を乾癬治療に用いることができます。インフリキシマブとアダリムマブはTNF-αを、ウステキヌマブ、グセルクマブとリサンキズマブはIL-23を、セクキヌマブとイキセキズマブはIL-17Aを、ブロダルマブはIL-17受容体を標的としています（図2）。いずれのバイオ製剤も従来の治療方法で効果が得られなかった患者さんにも十分な効果が得られます。バイオ製剤が効果を発揮することで、皮膚症状がほぼ完全に消失し日々の治療の負担の軽減や、日常生活における活動の制限やストレスの軽減も期待されます。

しかし、バイオ製剤の効果が十分得られない場合や副作用が現れる場合もあり得ます。そのため、私たち皮膚科専門医は日本皮膚科学会の定めた治療指針に基づいて、患者さんの安全性を確保した上で適切に使用するように努めています。

一言メモ

- 乾癬は落屑（らくせつ）を付着した紅斑を特徴とする慢性の皮膚疾患です。
- 外用療法、光線療法、内服療法、バイオ製剤から症状や生活スタイルに合わせて治療法を選択します。
- バイオ製剤により乾癬治療は大きく変わり、患者さんのQOLの向上にも貢献しています。

37 食物アレルギーの管理・治療の最前線

——食物アレルギー

小児科（小児総合内科）
加藤 泰輔 診療助手
（かとう たいすけ）

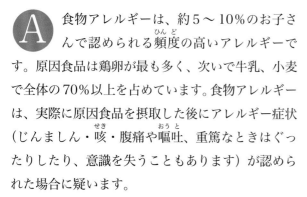

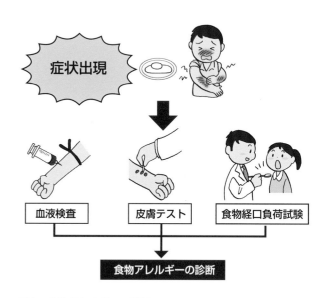

図1 食物アレルギーの診断
血液検査、皮膚テスト、食物経口負荷試験などで診断します

Q 食物アレルギーはどのように診断しますか？

 食物アレルギーは、約5〜10％のお子さんで認められる頻度の高いアレルギーです。原因食品は鶏卵が最も多く、次いで牛乳、小麦で全体の70％以上を占めています。食物アレルギーは、実際に原因食品を摂取した後にアレルギー症状（じんましん・咳・腹痛や嘔吐、重篤なときはぐったりしたり、意識を失うこともあります）が認められた場合に疑います。

診断のために、血液検査で食物に反応する特異的IgE抗体という免疫成分を測定したり、また皮膚に原因食品のエキスをつけて、小さな針で軽く刺してじんましんができるか評価する皮膚プリックテストを行ったりすることが多いですが、最終的には実際に病院で食品を摂取して症状が出現するかどうか評価する食物経口負荷試験を行って確定診断します（図1）。

主な対応は原因食品を摂取しない除去食療法ですが、この場合は必要最低限の除去を行います。患者さんによって摂取できる量や加工の程度は違うため、担当の医師と相談が必要です。また、血液検査や皮膚テストが陽性でも、実際に食べてみて症状が

①食物アレルギーの確定診断

・血液検査で陽性でこれまで食べたことがなく、アレルギーがあるか調べるため

・加工品などを食べて症状が出た食物が本当にアレルギーの原因であるか調べるため

・どの程度食べたら、症状が出るのか調べるため（閾値の評価）

②食物アレルギーの摂取可能量の診断

・アレルギーはあるけれど、安全に摂取できる量を確認するため

・食物アレルギーが治ったか確認するため（耐性獲得といいます）

表 食物経口負荷試験の目的
確定診断や、どの程度食べられるのかを評価します

全く認められない場合は、食物の除去は必要ありません。

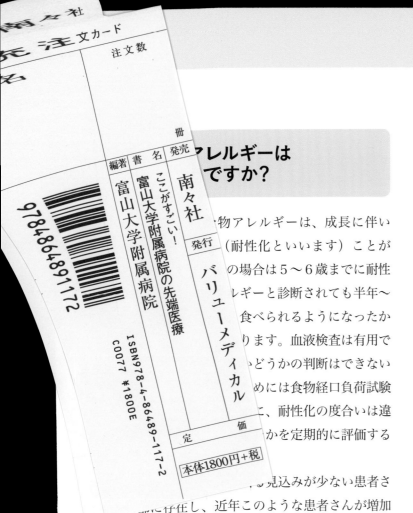

アレルギーは
ですか？

物アレルギーは、成長に伴い
（耐性化といいます）ことが
の場合は5～6歳までに耐性
ルギーと診断されても半年～
食べられるようになったか
ります。血液検査は有用で
どうかの判断はできない
めには食物経口負荷試験
、耐性化の度合いは違
かを定期的に評価する

込みが少ない患者さ
に存在し、近年このような患者さんが増加
している傾向があります。このような患者さんは、ほんの少しアレルゲンが混ざっている食品を食べるだけでも重篤な症状（アナフィラキシー）を起こしてしまうことがあり、日常の食事に常に注意しながら生活をする必要があります。短期間の入院でアレルゲンを摂取し、症状を起こしながら強制的に体を慣らす「急速経口免疫療法」が以前は積極的に行われていましたが、退院後の日常生活でのアナフィラ

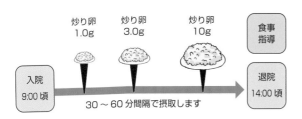

負荷試験に基づく食事指導の例（誘発症状が無く食べられた量をもとに指導します）

1.0g（1/60個）　たまごボーロ　黄身（加熱）

3.0g（1/20個）　クッキー　ハム1枚

10g（1/6個）　ドーナッツ　ハンバーグ

図2　食物経口負荷試験の実際（鶏卵の場合）
食べられる量を確認します。結果に基づいて食事指導を行います

キシー発症のリスクが多く、近年はあまり行われていません。

Q 最近の食物アレルギーはどのように管理しますか？

A 食物アレルギーがある方は、原因食品を摂取しない（除去）ことで、症状を引き起こさないようにすること、また、アナフィラキシーなどの重篤な症状を引き起こす方は、アドレナリン自己注射器（エピペン®）を携帯することで緊急時の対応を行うのが基本です。

しかし、近年の研究では原因食品を少しずつ摂取することで、徐々に原因食品に反応しない体質に変えていくことができることが明らかとなってきました。そのため最近は、食物経口負荷試験を行って食べられる量を確認し、摂取しても症状が出ない「安全な量」を定期的に摂取することで、体を慣らしていく指導をしています（図2）。食べられる量は個人差が大きく、食物経口負荷試験によって確認しなければなりません。食物経口負荷試験は、時に重篤な症状を引き起こすこともありますので、食物アレルギーに精通した医師の立ち会いのもと病院で行います。当科では外来や、リスクの高い方には日帰り入院での検査を行っています。

食物アレルギーの方は、自宅での安易な摂取は非常に危険です。専門医に相談してください。

一言メモ

- 食物アレルギーは近年増加傾向にあります。

- 食物アレルギーの診断は血液検査や皮膚テスト、食物経口負荷試験などで評価します。

- 食物アレルギーでは原因食品を除去した「除去食療法」が中心ですが、過度な除去はせず、必要最低限の除去がよいと思われます。

- 食物経口負荷試験によって食べられる量を確認し、安全な量を摂取することで体を慣らしていきます。

38 小児の心臓病
——先天性心疾患、心臓の病気

小児科（小児循環器内科）
廣野 恵一 診療准教授
（ひろの　けいいち）

正常　　拡張型心筋症　　肥大型心筋症　　拘束型心筋症
　　　　（左心室の収縮障害）（心筋の肥大）　（左心室拡張障害）

図1　心筋症の病型

Q 小児の心臓病とは、どんな病気ですか？

A 小児の心臓病には生まれつき心臓・血管に異常がある病気（先天性心疾患）と生まれた後、何らかの原因で起こる心臓の病気（心筋・心膜疾患、不整脈、川崎病、肺高血圧など）に分けられます。

①先天性心疾患（生まれつき持っている心臓・血管の異常）

生まれてくる赤ちゃんの約1%は先天性心疾患を持つといわれ、それほど珍しくない病気です。正確な診断、適切な手術のタイミングや方針の決定、術前・術後遠隔期の管理などがとても重要です。胎児診断技術の進歩により出生前に診断される症例が増加しており、当院では新生児科と産婦人科との協力で出生時からの計画的な治療を行っています。患者さんのほとんどが、治療することで立派に大人にまで成長することができる時代です。成人した後も内科と協力し、生涯にわたる観察・治療体制を築いています。

②心筋・心膜疾患（図1）

心筋炎・心筋症は、心臓のポンプ機能に異常をきたす疾患で、生まれつき健康なお子さんが急にショック状態となることも多く、緊急の対応が必要です。

③不整脈（脈が乱れる心臓のリズム異常）

子どもの不整脈は危険性の低いものが多く、運動制限や薬による治療を必要としないことがほとんどです。しかし、健康なお子さんに突然不幸が訪れる危険な不整脈もあります。子どもたちが学校生活や運動を安全に行えるよう、確実なスクリーニング(抽出)を心がけています。

④川崎病

川崎病は5歳未満の小児に多い原因不明の発熱性全身疾患です。血管に炎症が起こり、その結果、冠動脈に異常が起こることがあります。始めは冠動脈が広がる（拡大）だけですが、進行すると瘤（こぶ）になります（冠動脈瘤、写真1）。巨大な瘤になると、血液の塊（血栓）が生じ、冠動脈が狭くなったり（狭心症）、詰まったり（心筋梗塞）します。現在は、多くの患者さんは軽快し、冠動脈病変の後遺症を残さずに治ります。

⑤その他

特発性肺動脈性肺高血圧（原発性肺高血圧）、アイゼンメンジャー症候群など

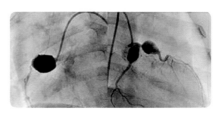

写真1　川崎病後の冠動脈瘤(心臓カテーテル検査)

Q どのような検査が必要ですか？

A X線検査、心電図検査、心臓超音波検査（経胸壁心エコー）などがあります。また、特殊な検査として、3D-CT検査、MRI検査、核医学検査、胎児心エコー検査、経食道心エコー検査、心臓カテーテル検査、遺伝学的検査、発達検査などがあります。

・**胎児心エコー検査**／近年ではエコー検査の進歩により、お母さんのお腹の中（なか）にいるときから赤ちゃんの管理ができるようになりました。赤ちゃんの心臓の状態をみながら、できる限り最適の環境で出産できるように準備をするために大切な検査です。

・**心臓カテーテル検査（写真2）**／手術の時期の決定、術後評価、心機能・血行動態評価、川崎病合併症の評価などを目的に行う検査です。検査後はベッド上で安静にしなければならないため、3〜5日間の入院が必要です。

・**経食道心エコー検査**／年長児などで、通常行うエコー（経胸壁心エコー）では十分な観察ができない場合に行います。経食道心エコーは、経胸壁心エコーよりも心臓に近い場所からの観察が可能で、より精度の高い情報が得られます。

・**3D‐CT検査**／造影剤を使用しながらCTを撮影し、コンピューターで心臓や血管の形態を描き出します。エコーやX線では見ることができない血管、心臓の構造や気管支の形態、それらの位置関係を把握するのに有用な検査です。3次元画像を見ることで、血管造影では得ることができない情報も確認できます。

・**遺伝学的検査**／心筋症、特に心筋緻密化障害の遺伝子解析を行っています。

写真2　心臓カテーテル検査

・**発達検査**／心疾患の子どもの発達検査の1つとして、ベイリー検査を行っています。この検査は、おもちゃを用いた遊びを通して、認知、言語、運動発達などを神経学的観点から詳細に評価できます。

Q どのような治療が必要ですか？

A 薬を飲んだり点滴をしたりする薬物治療と、それ以外の非薬物治療があります。手術以外の非薬物治療としてはカテーテル治療が代表的です。カテーテル治療には、「穴をふさぐ」「狭い血管を広げる」「血管を詰める」とさまざまな方法があります。いずれの治療も外科手術と比べて、お子さんにとって有効でかつ安全にできると判断した場合に行います。

以下に先天性心疾患のカテーテル治療例を挙げます。

・**心房中隔欠損の治療（図2）**

生まれつき心房中隔という心臓内を分割している壁に穴があいている病気で、通常、小児期は無症状ですが、40歳過ぎ頃から心房細動などの不整脈、血流の鬱滞（うったい）、肺高血圧などによる浮腫（ふしゅ）や疲労感などの右心不全症状が現れる場合があります。

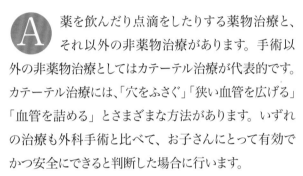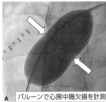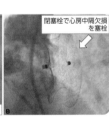

図2　経皮的心房中隔欠損閉塞術

・**動脈管開存の治療**

本来は生後数日で閉鎖する動脈管が太く開いたままの状態を動脈管開存といい、多呼吸や発育不良などの左心不全症状が現れる場合があります。乳児期早期なら外科的結紮術（けっさつじゅつ）、乳児期後期以降ならカテーテル的閉鎖術を施行しています。

一言メモ

小児循環器グループは、小児心臓外科とチームを組み、循環器疾患の診療にあたっています。北陸地域全体から患者さんが受診し、小児循環器外科との協力のもと、年間160〜180例の心臓手術を行っています。

39 統合失調症の早期診断・早期治療
—— 統合失調症

神経精神科
<ruby>高橋<rt>たかはし</rt></ruby> <ruby>努<rt>つとむ</rt></ruby> 診療教授

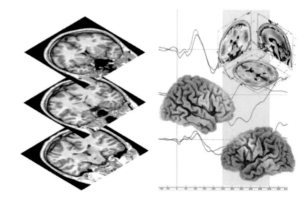

図2 当科では、最新の画像解析により脳の構造や機能を評価します

統合失調症とは、どんな病気ですか？

統合失調症は、思春期や青年期に好発する脳の病気で、その頻度は約120人に1人であり、決してまれな病気ではありません。原因ははっきりとは分かっていませんが、脳内の神経伝達物質の異常などによって、症状が生じると考えられています。

統合失調症の患者さんは、思考や行動、感情がまとまりにくくなり、その経過中に、幻聴や妄想などに加え、ひきこもり傾向や認知機能、社会的役割機能の低下などの症状もしばしば認められます（図1）。

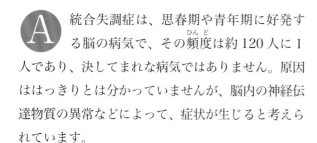

陽性症状	陰性症状	認知機能障害
●いない人の声が聞こえる（幻聴） ●実際にないことを強く確信する（妄想） ●思考が混乱し、考え方に一貫性がなくなる	●喜怒哀楽が乏しくなる ●頭が働かない ●口数が減る ●何もやる気がしない ●引きこもり傾向	●考えがまとまらない ●集中できない、覚えられない ●同時にいくつかのことをできない

図1 統合失調症でみられやすい症状

かつては精神分裂病と呼ばれていましたが、「精神が分裂する病気」といった誤った解釈を避けるため、2002年に現在の病名に変更されました。

統合失調症の診断は、幻聴や妄想などの症状に基づいて行いますが、ほかの疾患（脳炎、てんかん、内分泌疾患、双極性障害など）でもよく似た症状が生じることがあり、鑑別診断のために血液検査や脳の検査が役立ちます。また、最近の研究により、脳画像検査、脳波検査、認知機能検査などによって、統合失調症の病状を詳しく調べて診断や治療に役立てることができるようになってきたため、当科では統合失調症の患者さんに対して積極的にこれらの検査を行い、脳の構造や機能を評価しています（図2）。

統合失調症は慢性の病気ですが、早期に専門家の診察を受けて適切な治療を続けることで、多くの患者さんが自立した

社会生活に復帰しています。

 Q 統合失調症は、どのように治療するのですか?

 A 薬物療法を中心に、症状の回復や程度に応じて、心理社会的治療を組み合わせて治療を行っています。

薬物療法では、主にドパミンなどの神経伝達物質のバランスを整える薬（抗精神病薬）を使用し、症状に応じて抗不安薬や睡眠薬なども用います。服薬を中断することで、1年以内に約8割の患者さんが再発したとの報告もあり、高血圧や糖尿病のようなほかの慢性疾患と同様に、統合失調症も長期にわたって治療を継続する必要があります。薬物療法を続けやすくする工夫として、薬の種類や内服回数を減らす、剤型を調整する（液剤、口腔内崩壊錠など）、効果が2〜4週間持続する注射薬（持効性注射剤）を用いる、などありますので、詳しくは主治医に相談してください。

十分な治療を行っても効果が現れない場合には、治療抵抗性統合失調症治療薬（クロザピン）による治療や、修正型電気けいれん療法も選択肢となります。当科での修正型電気けいれん療法は、手術室にて全身麻酔下で安全に行われます。心理社会的治療としては、患者さんや家族に対する心理教育に加え、社会生活技能訓練（SST）や作業療法なども取り入れています。また、精神保健福祉士が地域のさまざまな社会資源（社会復帰のためのリハビリテーション施設など）を紹介しています。詳しくは医療福祉サポートセンターで相談してください。

 Q 早期診断・早期治療は、なぜ重要なのですか?

 A 多くの体の病気と同様に、統合失調症も、発症から適切な治療が開始されるまでの未治療期間が短いほど治療効果が高くなり、社会生活機能や生活の質が良好に保たれることが報告され

ています。すなわち、早期診断・早期治療によって、より多くの患者さんが社会復帰を果たすことが期待できます。

近年では、より早期に精神疾患の治療や支援を開始するための活動が、国内外で行われるようになってきており、当科では2006年から富山県心の健康センター（精神保健福祉センター）と連携して、「こころのリスク相談事業」を行っています（図3）。この事業は、統合失調症などの精神疾患を発症するリスクが高いと考えられる「こころのリスク状態」にある若者やその家族に対して、専門家による相談、診断、治療の機会を提供することを主な目的としています。「こころのリスク状態」についての詳しい説明や「こころのリスク相談事業」の利用方法につきましては、ホームページ（http://www.med.u-toyama.ac.jp/neuropsychiatry/index-kokoro.html）をご覧ください。

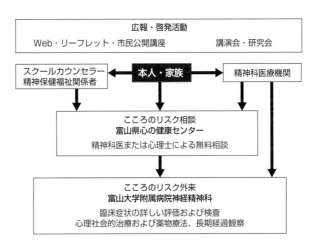

図3 「こころのリスク相談事業」の流れ

一言メモ

統合失調症は、約120人に1人の頻度で思春期や青年期に好発します。

思考や行動、感情のまとまりにくさ、幻聴や妄想など、さまざまな精神症状を生じます。

治療は、薬物療法と心理社会的治療を組み合わせて行います。

早期治療により、社会復帰率の向上が期待されます。

40 うつ病の診断と治療
——特に難治例への対応
——うつ病

神経精神科
樋口 悠子（ひぐち ゆうこ） 診療准教授

 うつ病とは、どんな病気ですか？

 うつ病は、1日中気分が落ち込んでいることや何をしても楽しめないことなど（うつ状態）が続く病気のことです（図1）。あらゆる年齢でみられ、働けなくなる、自殺の危険性が高くなるなど、人の生活に大きな影響を及ぼす疾患であり、早期に適切に診断して治療することが重要です。生涯有病率（うつ病にかかる人の割合）は3〜7％と報告されており、ありふれた病気といえます。

1. 気分の落ち込み（空虚感、悲しみ、涙を流す等）

2. 興味、喜びの減退

3. 体重の変化（減少または増加）

4. 睡眠の変化（不眠または睡眠過多）

5. 落ち着きがない（焦燥）、または動作が遅い（制止）

6. 疲れやすい、気力がない

7. 自分が価値のない、罪深い人間であると思う

8. 思考力や集中力が減退する、決断することが難しい

9. 自殺念慮、または自殺するためのはっきりとした計画を持つ

（DSM-5 大うつ病性障害：基準 A をもとに作図）

図1　うつ病でみられやすい症状（DSM-5大うつ病性障害：基準Aより）

原因はまだはっきりとは分かっていませんが、ストレスや身体疾患、環境変化など、さまざまな要因が絡み合って、脳内神経伝達物質（主にセロトニンとノルアドレナリン）の働きが低下することによって発病すると考えられています。うつ病の診断は、問診で症状を確認することにより行います。ほかの精神疾患（双極性障害、適応障害、統合失調症など）でもうつ状態が出現することが度々あり、診断基準に照らし合わせ、時には経過をみながら判断します。

また、体の病気や薬（脳血管障害、甲状腺疾患、ステロイド内服など）が原因となることもあるため、血液検査や脳の検査を行い、ほかの病気を除外した上で診断を行います。

 うつ病は、どのように治療するのですか？

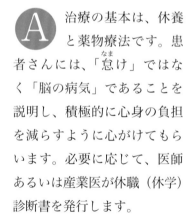 治療の基本は、休養と薬物療法です。患者さんには、「怠け」ではなく「脳の病気」であることを説明し、積極的に心身の負担を減らすように心がけてもらいます。必要に応じて、医師あるいは産業医が休職（休学）診断書を発行します。

薬物療法としては、抗うつ薬（選択的セロトニン再取り込み薬、セロトニン・ノルアドレナリン再取り込み阻害薬

など）が中心で、脳内神経伝達物質のバランスを整えることを目指します。効果が不十分な場合は、抗うつ薬の効きめを増強する作用のある薬剤（気分安定薬、抗精神病薬、甲状腺ホルモン製剤など）を追加します。

また、近年、認知行動療法の有効性が報告されています。それぞれの治療法には、症状、経過、重症度、病気のタイプなどにより効果に大きな違いがあるので、患者さんと相談の上、医師が最適な方法を選択します。状態によっては、入院して集中的に治療を行うことを勧める場合もあります。

写真　パルス波治療器（サイマトロン®）　米国ソマティックス社（光電メディカル ホームページより）

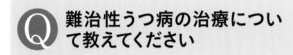

Q 難治性うつ病の治療について教えてください

A 標準的な治療を行っても、残念ながら効果が得られない患者さんが30％の割合で存在するといわれています。このような難治性うつ病に対して、当院では以下のような電気刺激による治療（ニューロモデュレーション治療）を行っています。入院治療で対応しており、1〜2か月の入院期間が必要です。

●修正型電気けいれん療法（写真、図2、3）

重度のうつ病で、焦燥感がきわめて強い場合、食事が全く摂れない場合、自殺のリスクが高い場合、副作用で薬物療法が継続できない場合などに行うことの多い治療法です。このような緊急性の高い患者さんにも、速やかな効果を発揮する点で優れています。当院では、手術室で麻酔科医の協力を得て、全身麻酔下にて安全に行っています。

方法としては、安全性が高いパルス波治療器（サイマトロン®）を使用し、週に2〜3回行い、効果をみながら計6〜10回程度繰り返します。必要に応じて、維持療法として2週間〜2か月に1回の割合で継続することもあります（図3）。

図2　電気けいれん療法

図3　治療スケジュール

一言メモ

日本人の3〜7％がうつ病にかかるといわれています。

うつはさまざまな原因により起こるため、専門医による適切な診断が必要です。

治療の基本は、休養と薬物療法です。

難治性の患者さん（約30％）でも、電気けいれん療法が効果を発揮する場合があります。

41 診断・治療に役立つ Dual-energy（デュアルエナジー）CT
——画像診断

放射線診断科
野口 京 教授
（のぐち きょう）

Q CTとは何か？

CT（Computed tomography）とはコンピュータ断層撮影法のことであり、X線（エックス線）を使って体の断面を撮影する検査です。体内のさまざまな病巣を発見することができます（図1）。

図1　CT装置
CTは、このような巨大なドーナツのような装置です。真中の穴の部分には、移動式の寝台があり、仰向けに寝て撮影されます

図2　X線管と検出器

CT装置のドーナツの輪に相当する部分には、通常のCT装置ではX線を出すX線管が1つはめ込まれており、体の周りを360度回転するようになっています。X線管の180度反対側には体を突き抜けてきたX線量を測定する検出器がついています。CT撮影時には、ドーナツの輪の中で、X線管がグルグルと回りながら、X線をだし、その反対側にある検出器にて体を抜けてきたX線の量を測定して、コンピュータにて画像を作ります（図2）。

Q Dual-energy（デュアルエナジー）CTとは何？

物質のX線減弱係数（X線が通過する能力）は、X線のエネルギーに依存するという特徴があります。2つの異なるX線のエネルギーによる物質のX線減弱係数の変化率は物質固有のパターンを呈します。この特徴を画像化に利用する方法がDual-energy（デュアルエナジー）CTです（図3）。

図3　2つのX線管を有するCT装置
当院では2つのX線管を有する高性能のCT装置を導入しており、低いエネルギーと高いエネルギーの2種類のエネルギーにて同時に撮影することができます

Q Dual-energy（デュアルエナジー）CTでは、何ができますか？

A Dual-energy（デュアルエナジー）CTにて、ヨード、カルシウム、脂肪、鉄などの物質の分別やその量を計測することができます。具体的には、尿酸結石と石灰化結石の区別、痛風結石の診断、肺動脈血流の評価、脳出血とヨード造影剤との区別、ヨード造影剤コントラストの増強、金属アーチファクト（画像作成時に発生する実際とは異なる画像）の低減などが可能です。

Q Dual-energy（デュアルエナジー）CTは実際にはどのような場合に役だっているのか？

A Dual-energy（デュアルエナジー）CTにて、致死的な疾患である肺動脈塞栓症（エコノミー症候群）の診断精度をあげることができます。Dual-energy（デュアルエナジー）CTにて、通常の造影CTでは評価ができない肺実質に分布する微量なヨード造影剤を描出することで、肺動脈血流を画像化することができます（図4）。

Dual-energy（デュアルエナジー）CTにて、造影CT画像から仮想の非造影（単純）CT画像が作成できます。最近、急性期脳梗塞に対して血栓回収術が施行されており、その治療直後の評価には出血の有無を確認するために単純CTを撮像します。その単純CTにて脳実質やくも膜下腔に高吸収を認め

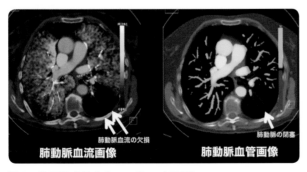

図4　肺動脈塞栓症（エコノミー症候群）
Dual-energy（デュアルエナジー）CTにて、左肺下葉の肺動脈血流の欠損（矢印）および左肺下葉の肺動脈の閉塞（矢印）が明瞭に示されています

た場合には、血栓回収術中に使用したヨード造影剤の漏れ出しなのかあるいは新しい出血なのか、通常のCTでは両方とも同じように白く見えることから、その区別が難しい場合があります。Dual-energy（デュアルエナジー）CTであれば、造影剤と新しい出血を簡単に区別することができます。

血栓回収術直後の通常のCTでは、矢印の部分に白く見える病変があり、ヨード造影剤の漏れ出しか新しい出血のどちらかが考えられます。Dual-energy（デュアルエナジー）CTのヨード画像では白く見えていますが、仮想非造影（単純）CTでは白い病変がはっきりせず、白く見えていたものは、出血ではなくヨード造影剤の漏れ出しであると診断できます（図5）。

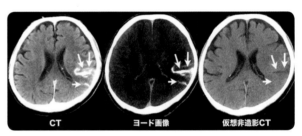

図5　急性期脳梗塞に対する血栓回収術後

Q 当院で開発中のDual-energy（デュアルエナジー）CTによる"X-Map"とは

A 当院では、頭部のDual-energy（デュアルエナジー）CTによる新しい画像を開発しています。"X-Map"と名付けた画像にて、急性期脳梗塞を鋭敏に検出することができています（図6）。現在も開発中です。

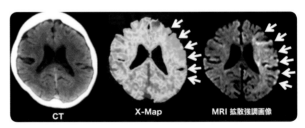

図6　発症0.5時間の急性期脳梗塞
通常のCTでは病変を指摘できないが、Dual-energy（デュアルエナジー）CTから作製されたX-Mapでは、矢印の部分に早期の脳梗塞が示されています。およそ1時間後に撮像されたMRIの拡散強調画像による病変部位とよく一致しています

42 最も低侵襲な呼吸器外科手術 ——単孔式手術

——肺がん、縦隔腫瘍

第一外科（呼吸器一般外科）
ほんま たかひろ
本間 崇浩 診療講師

 Q **低侵襲とは、どういうことですか？**

A できるだけ体に負担をかけない、体にやさしい治療法を「低侵襲」治療といいます。呼吸器外科では肺がんなど、胸の中の腫瘍に対する手術を主に行っています。患者さんのほとんどが検診でたまたま発見され、無症状です。このため、病気を治すことはもちろん、治療前と同じ生活にいかに早く戻れるかが非常に重要だと考えています。

　私たちは「徹底した低侵襲治療の追求」をテーマに、1日でも早く回復するよう細心の注意を払って治療を行っています。病気をしっかりと治し、合併症がないこと、痛くないこと、苦しくないこと、そして傷はできるだけ少なく、小さく、キレイで目立たないこと、これらを常に心がけています。抜糸も必要ありません。ご高齢の方が治療を受けても、早く元気に退院できます。患者さんが早く回復することは、ご家族にとっても負担を減らすことにつながります。

Q **具体的にどのような治療ですか？　単孔式とはどういうことですか？**

A これまでは3〜4か所の小さな穴（3mm〜3cm）を開け、「胸腔鏡」と呼ばれる5mm〜1cmの内視鏡（カメラ）による手術（「完全胸腔鏡下手術」といいます）を、年間手術の9割以上の患者さんに提供してきました（図1）。この成績は全国屈指です。年齢、性別、体格を問いません。子どもから若い女性や、ご高齢の患者さんにも安心して内視鏡手術を受けていただくことができます。

　私たちは更なる低侵襲治療を目指し、傷1か所だけの「単孔式手術」を2014年から開始しました（図1）。当初は肺の一部を切除する肺部分切除術や肺ブラ切除術、胸に膿がたまる病気である膿胸を対象とし、2018年7月からは肺葉切除術・肺区域切除術・縦隔腫瘍切除術にも導入しています（図2）。傷が1か所なため、いくつも穴を開ける完全胸腔鏡下手術よりも、さらに体へのダメージは小さく、現代の最も低侵襲な治療です（最小侵襲）。

　実際、痛みは少なく、回復も早いため、術後入院期間は従来の完全胸腔鏡下手術より2日間短縮しました（肺葉切除や肺区域切除では平均術後5日目で退院します）。それだけでなく、手術室滞在時間も平均90分短くなりました。

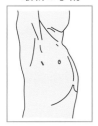

最新の手術

小さな切開１つ
単孔式手術

これまでの手術

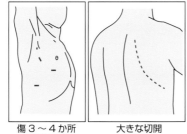

傷３〜４か所
胸腔鏡下手術
（ロボット手術を含む）

大きな切開
開胸手術

単孔式手術は、これまでの手術法より
痛みが少なく、回復が早く、入院期間が短い

図1 これまでの手術と単孔式手術

小さな傷１か所の手術

単孔式で実施可能な手術
・肺部分切除術
・肺ブラ切除術
・膿胸腔掻爬術
・胸膜生検術
・肺葉切除術
・肺区域切除術
・縦隔腫瘍切除術
・胸壁腫瘍切除術

痛みが少なく、回復も圧倒的に早い

図2 単孔式手術

 単孔式手術は、誰でも、どこでも受けられるのですか？

 単孔式手術は非常に高い技術を要するため、実施できる病院は全国で極わずかです。富山大学附属病院は単孔式手術における国内の指導的基幹施設であるため、当科の手術を学ぼうと全国から見学者が来院しています。講師として出向くこともあります。また、これまで完全胸腔鏡下手術を提供してきた、ほとんどの患者さんに実施可能です（図2）。ただし、癒着がある場合（術前に予測可能です）や、5cm以上の腫瘍では困難です。

 ほかにどのようなことを心がけていますか？

 手術の切開は最小侵襲である単孔式で実施していますが、体内では大きなことを行っています。このため、手術後の体に慣れるには少し時間がかかり、その間自覚症状が出現する場合があります。生じやすい自覚症状は、痛み、咳、息切れです。当科では術後症状ゼロを目指し、どのような患者さんに症状が出やすいか？　どうすればゼロにできるか？を徹底的に追求し、対策を練ってきました。

痛みは睡眠薬をお飲みになる方は感じやすいということが分かっています。痛みに敏感な方でも3種類の痛み止めを使い分けることで、十分抑えることができます。このため入院中はもちろん、退院した後も安心して生活できますのでご安心ください。咳や便秘も痛みに関連する原因になるため、あわせて対策しています。

また、術後の息切れを最小限にする治療にも力を入れています。肺を切除した場合、肺活量は切除した分だけ少なくなります。特に肺がん患者さんはタバコを吸っている方が多く、COPDと呼ばれる肺機能が低下する病気も併せ持っています。COPD治療の吸入薬を処方することで、肺機能は改善し、手術で肺を切除しても影響は最小限となります。

当科では来院された患者さんとその家族はもちろん、日本全体にやさしい治療が広まるよう、さまざまな活動を行っています。私たちが行っている低侵襲治療は、入院日数が短く、合併症も少ないため、患者さんと家族だけでなく、医療者の負担軽減、医療コストの削減とあらゆる好循環につながります。日本の将来を見据えた治療を実践していくことが、日本の未来に大変重要だと考えています。

一言メモ

- 富山大学は体に最も負担の少ない低侵襲治療「単孔式手術」を行い、かつ指導できる全国でも数少ない基幹施設です。

- 子どもから若い女性やご高齢の患者さんでも、安心して治療を受けられます。

- 入院期間は数日〜１週間程度で済みます。

43 食道がんに対する胸腔鏡下手術とは?

──食道がん

第二外科（消化器・腫瘍・総合外科）

奥村 知之 診療教授
（おくむら　ともゆき）

Q 食道がんとは?

食道は口から入った食べ物を首（頸部）と胸（胸部）を通って胃（腹部）まで送る管状の臓器で、胸の中では肺や気管、心臓、大動脈、背骨などに囲まれています。

食道がんは、食道の内側にある粘膜から発生し、喫煙や飲酒、香辛料を多く使った食事などで危険性が増すといわれています。初期には自覚症状はなく、進行するにつれて食事のしみる感じやつかえ感、胸やけ、痛みなどの症状が現れます。さらに病状が進むと、声が枯れたり咳や痰が増えたりすることがあります。

食道がんは早期発見が難しいこともあり、比較的治療が難しい病気と思われてきましたが、検査や治療法の進歩によって、治る方が増えてきています。

Q 食道がんの検査と治療方法は?

内視鏡検査（胃カメラ）やバリウムによる上部消化管造影（透視）によって、がんの位置や大きさ、性質を調べます。さらに、CTやMRI、PET-CTなどの検査を行って、周りの臓器への広が

りや、リンパ節や全身への転移の有無を調べることで、がんの進み具合（病期・ステージ）を診断します。

食道がんの治療法には、手術や内視鏡（胃カメラ）治療、抗がん剤治療、放射線治療などがあり、病期に応じた標準治療を行っています。近年は、手術と抗がん剤など、いくつかの治療法を組み合わせることが多くなっています。

Q 食道がんに対する胸腔鏡下手術とは?

食道がんに対する最も一般的な治療法は手術です。国内で多い胸部食道がんに対しては、頸部、胸部、腹部の3か所の手術を同時に行います。

まず、胸部で食道と転移があるかもしれないリンパ節を、気管や心臓、大動脈などから剥がして摘出します。次に、腹部で胃の一部と食道を切り取って、残った胃を細長く伸ばして、頸部の操作で持ち上げた胃と口側の食道とをつなぎます（図1）。このように比較的大きな手術であるため、患者さんの体力

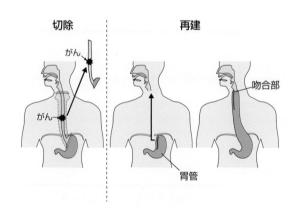

図1　胸部食道がんに対する手術の模式図

写真1　胸腔鏡下食道がん手術

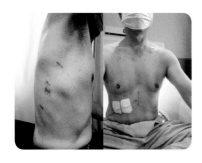

写真2
胸腔鏡下食道がん手術による傷

ケアや呼吸訓練を行います。

　また、心臓や肺の働きを調べて必要があれば治療やリハビリを行います。病状によっては、術前抗がん剤や放射線治療が必要な場合もありますが、内科、外科、放射線科、薬剤部などが連携して治療にあたります。このように、患者さんを中心とした治療を病院全体で支えながら進めることで、最適な医療をより安心・快適に受けていただけるよう取り組んでいます。

Q 当科における診療実績は？

　A　当院での食道がん手術件数は、2008年以後徐々に増加しており、2019年は26件で、このうち21件（80.8％）が胸腔鏡下手術でした（図2）。2019年12月に当院での胸腔鏡下食道切除術は150例を超えました。

　手術成績ですが、2008年から2016年までの120例の5年生存率（がんが治ってしまう割合）は、臨床病期Ⅰ期91.0％、Ⅱ期70.8％、Ⅲ期50.7％と全国集計と比べても、良好な結果になっています。

と手術の負担を考慮した上で適応を決定します。

　食道がん手術で、患者さんの体にとって最も負担になるのが胸部の操作です。これまでは大きく開胸していましたが、当院では2008年より胸腔鏡下食道切除術を導入しています。

　胸腔鏡下手術では、肋骨と肋骨の間に5〜10mm程度の傷を4〜5か所つけて、その1つからカメラ（胸腔鏡）を入れて、胸の中の様子をハイビジョンモニターで観察しながら手術を行います（写真1）。

　この手術によって、より安全で緻密な操作が可能となり、リンパ節摘出数が増える一方、出血量は非常に少なくなりました。腹部の操作も腹腔鏡で行うことで、さらに傷が小さくなり、術後の回復がとても早くなっています（写真2）。

　近年は、体力が低下していて胸腔鏡下手術を受けることが難しい患者さんには、胸部の操作を縦隔鏡で行うことで安全に食道がんを切除しています。

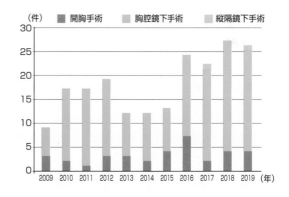

図2　富山大学附属病院における食道がん手術実績

Q みんなで支える体にやさしい食道がん治療とは？

　A　体への負担が小さくなった食道がん手術ですが、さらに安心して手術を受けていただくために、入院前から病状や治療法について詳しい説明を聞いてもらい、術後の肺炎予防のための口腔

一言メモ

　当院は食道外科専門医が勤務する、北陸では数少ない食道外科認定施設です。頸部食道がんに対する喉頭温存手術や下咽頭・喉頭切除術、化学放射線治療後の遺残に対する追加切除手術も安全に行っています。

　また、食道良性腫瘍、食道アカラシア、逆流性食道炎などを対象に、腹腔鏡や胸腔鏡下手術を含む集学的治療を行っています。

44 肝臓がんの外科治療 ──安全な肝切除術

──肝臓がん

第二外科（消化器外科）
渋谷 和人 診療講師
しぶや かずと

Q 肝臓がんとは？

肝臓がんとは肝臓の中にできるがんのことです。肝臓がんには、肝細胞からがんが発生する肝細胞がん（約95％）、肝臓の中の胆管から発生する胆管細胞がん（約4％）があります。

肝細胞がんは、慢性肝炎や肝硬変をもっている方に発生しやすく、特に国内ではC型肝炎ウイルスやB型肝炎ウイルスが原因の約8割を占めており、そのほかではアルコール性肝炎などが原因となります。最近は、糖尿病や肥満、脂肪肝のあるメタボリックシンドロームの患者さんでの発生が増えていることが注目されています。

肝臓は「沈黙の臓器」と呼ばれるように、一昔前なら見つかった時点で進行していることが多く、肝臓がんは不治の病といわれてきました。しかし現在では、ウイルス性肝炎や脂肪肝であることが分かっていれば、定期的な通院による検査（超音波検査）を受けることが勧められており、これにより肝臓がんの早期発見が可能になっています。近年はメタボリックシンドロームの患者さんも増えており、知らないうちに脂肪肝になっている患者さんもいます。住民健診や会社の健診で肝機能が悪いと指摘された

ら、まずは専門医療機関を受診することが大切です。

Q どんな治療法があるの？

肝臓がんは、腹部超音波検査、CT検査、MRI検査に加えて血液腫瘍マーカー検査けつえきしゅようなどで診断されます。たくさんの検査を受けるような印象を持たれるかもしれませんが、これは複数ある治療方法の中から患者さんごとに最適な治療方針を決めるために、なるべくたくさんの情報から総合的に判断する必要があるからです。

肝臓がんの治療方針は、現在は「肝癌診療ガイドライン」を参考にして決定することが推奨されています（図1）。その方法は、肝切除術、ラジオ波焼灼術、動脈塞栓療法（カテーテル治療）、化学療法（抗しゃくじゅつ どうみゃくそくせんりょうほう はしょうがん剤投与）、肝移植術など多岐にわたります。

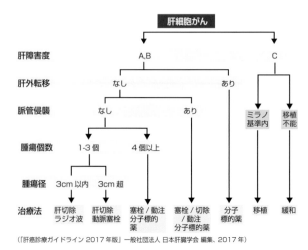

（「肝癌診療ガイドライン2017年版」一般社団法人 日本肝臓学会 編集、2017年）

図1 治療方針決定のフローチャート

肝切除術は安全？

いくつかの治療の中でも、肝切除術はいちばん確実な治療法の１つといわれています。

しかし、肝臓の中には複雑に無数の血管が走行しており、血液のタンクとも呼ばれる臓器で、手術する際には出血の危険性があります。また、肝臓がんを患う患者さんは肝硬変もしくはそれに近い慢性肝炎の方が多く、切除に耐えるための肝臓の機能（予備能）が低下していることがしばしばあり、術後肝不全に至る可能性があります。そこで当科では、CT検査のデータをもとに肝臓の3Dシミュレーション画像を術前に作成しています（写真１）。これによって、肝臓内の血管の複雑な走行と腫瘍との位置関係や、残せる肝臓の容積などを事前に把握することが可能であり、より安全な肝切除術を提供できるよう心がけています。

また当科では、2010年に保険適用となった腹腔鏡下肝切除を富山県で最初に行いました。腹腔鏡下肝切除はいわゆる「傷の小さい手術」で、通常の開腹手術に比べて出血量が少なく、入院日数が短いといった、患者さんにやさしい低侵襲な手術です。肝臓は肋骨に囲まれた臓器で、開腹手術だとある程度の大きさの傷が必要であり、場合によっては胸まで傷が及ぶことがあります。腹腔鏡手術では傷が小

さいことが患者さんの負担を大きく減らしています（写真２）。一方で、術後の再発率や生存率などの長期間の治療成績は通常の開腹手術と同等です（図２）。現在では全体の肝切除の内、半数近くを腹腔鏡手術で行っています。しかし、すべての肝臓がんが適応となるわけではありませんので、腹腔鏡手術をご希望の患者さんは、まずは当科の専門医に相談してください。腹腔鏡で手術をしても、がんの治療として十分かどうかということを念頭におき、専門医が治療方針を検討します。

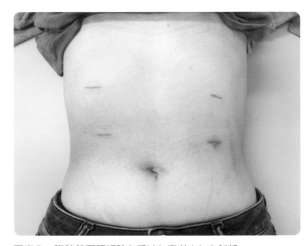

写真２　腹腔鏡下肝切除を受けた患者さんの創部

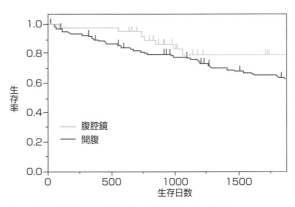

図２　腹腔鏡切除と開腹切除の術後生存率の比較

一言メモ

外科に紹介されたらすぐに手術、というわけではありません。キャンサーボードと呼ばれるカンファレンスを行い、外科、内科、放射線科、病理医が十分に話し合い治療法を考えています。さまざまな診療科がその特性を生かして肝臓がんの治療にあたっており、患者さんにより良い診断・治療を提供しています。

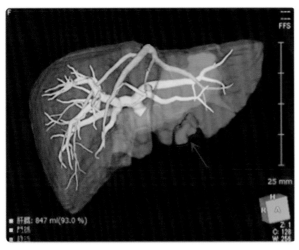

写真１　肝3Dシミュレーション画像（赤矢印が腫瘍）

45 胃がんに対する手術治療（鏡視下手術）
——胃がん

第二外科（消化器外科）
ひらの かつひさ
平野 勝久 診療講師

Q 胃がんの診断について

 胃がんの進み具合（臨床病期：ステージ）により治療法が異なります。よって正確な診断を早急に行う必要があります。胃カメラ、胃造影検査、CT検査、場合によっては超音波内視鏡検査、注腸造影検査、MRI検査、PET-CT検査を行って診断します。

　当院では消化器外科医、消化器内科医、腫瘍内科医、放射線科医が常に緊密に連携しており、いつでも相談できる体制で診療にあたっています。

Q 胃がんの外科治療

A 胃の切除に加えて周りのリンパ節を切除します。胃の切除する範囲は、がんの局在や病期から決定し、胃の切除範囲に応じて、食べ物の通り道を作り直します（消化管再建）。胃切除の範囲は局所切除術、分節切除術、幽門側切除術、噴門側切除術、全摘術を行っています。

　しかし、腹膜播種や遠い臓器やリンパ節に転移などが明らかな場合など、主にステージIVに分類される場合にはリンパ節を切除しても延命効果が期待できないため、がんを含めた胃切除のみを行うケースもあります。これは主病巣をおいておくと出血が止まらなくなったり、がんが大きくなって胃の狭窄をきたし、食事が口から摂れなくなったりすることを避けるために行うものです。さらに主病巣の切除すら困難な場合は、食物が通るようバイパスをつくる手術が行われるケースもあります。このような手術は姑息的手術と呼ばれています。また十分、根治

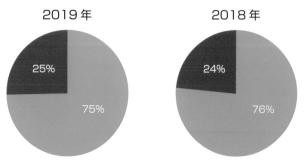

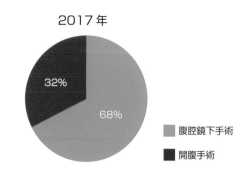

図　当院における腹腔鏡下手術の割合

写真　腹腔鏡手術画像（拡大視された血管解剖）

手術可能と思われても、患者さんの状態や合併症によって手術を縮小せざるをえない場合もあります。

Q 胃がんに対する腹腔鏡下手術

A 当院では早期がんに対しては、原則的に腹腔鏡下（ふくくうきょうか）に行う方針としています。2002年から導入し、現在では手術症例の半数以上を腹腔鏡下手術で行っています。腹部に1cm程度の穴を4〜5か所あけて、腹腔鏡というカメラで観察しながら胃の切除を行います（写真）。

　また、より低侵襲（ていしんしゅう）（体に負担の少ない）手術として、内視鏡と腹腔鏡を組み合わせた、内視鏡医との合同手術も導入しています。

　胃を切除した後は食事が通るように再建をしなければならないのですが、この消化管再建を4〜5cmの小さい開腹創（かいふくそう）から行います。最近では腹腔内ですべてを行う、完全腹腔鏡手術を実施しています。手術創が小さくすむと痛みが少なく、術後の回復が早いため、少しでも患者さんの負担を軽減するためにこのような術式を取り入れています。

　現在当科で胃がん手術を受けられる場合、術前日または手術日前の入院となります。術後合併症なく経過した場合には次のような流れになります。術後2日目または3日目から水分摂取を再開し、術後3日目または4日目から食事（最初は重湯）を再開し

ます。少しずつ形のある食事形態に変更し、術後約14日目で退院となります。

Q 胃がん以外の腹腔鏡下手術

A 胃がん以外にも、胃良性腫瘍やGISTといった病気に対して腹腔鏡下手術を取り入れています。胃がん手術と同様に小さな傷で手術を行うため、患者さんへの負担を軽減することが期待できます。また2019年より肥満症に対して腹腔鏡下スリーブ状胃切除術を導入しました。この治療は単なるダイエットではなく、肥満症と診断された患者さんに対して減量治療の一環として行う治療です。内科をはじめとした多職種連携で肥満症の治療を行っています。そのなかで必要と判断された患者さんに対して手術治療を行っています。

一言メモ

当院では治療方針はキャンサーボードと呼ばれるカンファレンスを行い、外科、内科、放射線科、病理の医師が十分に話し合い、より効果的で、より負担の少ない治療法を行っています。

46 大腸がんの外科治療
──大腸がん

第二外科（消化器外科）
<ruby>北<rt>ほう</rt>條<rt>じょう</rt></ruby> <ruby>荘三<rt>しょうぞう</rt></ruby> 診療講師

Q 大腸がんと診断された場合、やはり手術を受ける必要がありますか？

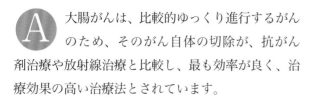

大腸がんは、比較的ゆっくり進行するがんのため、そのがん自体の切除が、抗がん剤治療や放射線治療と比較し、最も効率が良く、治療効果の高い治療法とされています。

ごく早期の大腸がんであれば、内視鏡治療の適応となりますが、多くの大腸がんでは、手術によって大腸がんとその周囲のリンパ節の切除を行います。高度に進行した大腸がんを含めても、大腸がんの85〜95％が切除の対象となります。

Q 大腸がんでは、腹腔鏡手術が行われますか？ ロボット支援手術が行われますか？

大腸がんでは、手術後の腹部の痛みの軽減や、腸管の<ruby>蠕動<rt>ぜんどう</rt></ruby>の回復が早い利点などから、最近の全国調査では、大腸がん手術の60％前後が<ruby>腹腔鏡手術<rt>ふくくうきょうしゅじゅつ</rt></ruby>によって行われている結果が報告されています。

当院では、ここ数年は約90％を腹腔鏡手術で行っています。大腸がんの手術に関して、腹腔鏡手術と開腹手術を比較した、複数の臨床試験では、手術の

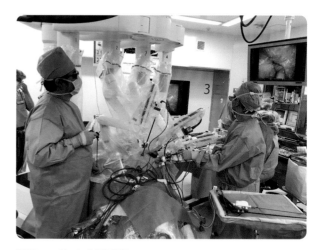

写真 ロボット支援手術

安全性や、がんに対する治療成績は、ほぼ同程度と報告されています。

また2018年からは、大腸がんのうち、肛門に近い直腸がんに対してのロボット支援手術が保険適用となりました。当院では、2018年6月から導入し、現在は、直腸がんの大半をロボット支援手術で行っています。直腸は、周囲にさまざまな臓器と神経や血管が多数走行する、深く狭い骨盤内という場所に存在します。ロボット支援手術では、手術器具を装着したロボットのアームが、多関節でさまざまな角度の動きができ、手ぶれもしません。骨盤内の深部でも正確に手術器具を動かすことができるようになりました。直腸がんの手術では、ロボットの能力を如何なく発揮でき、がんを取り残さず、合併症を防ぐための理想的な手術が可能になると考えています。

Q 肝臓や肺に転移がある大腸がんと診断された場合は、手術で治すことができませんか？

A 転移を認めても、転移臓器を含めてがんの切除が可能と判断された場合は、手術での治療を行います。しかし、肝臓や肺への遠隔転移を伴う大腸がんの場合、手術単独での治療は困難な場合が多いです。この場合は、手術と抗がん剤を組み合わせて治療を行います。

当院では、消化器内科、消化器外科医師が参加し、毎週キャンサーボードと呼ばれる症例検討会を開催し、手術と抗がん剤治療をどのように選択し治療を進めて行くかを、個別に検討しています。こういった積極的な治療により、近年、転移を伴う大腸がんの治療成績も飛躍的な改善を認めるようになっています。

また、大腸がんからの出血や、がんに伴う腸管の狭窄（きょうさく）症状（排便困難、腹痛など）を認める場合は、大腸がんのみの切除を行い、その後に転移巣に対して抗がん剤治療を行うこともあります。

Q 人工肛門（ストーマ）について教えてください？　ストーマ外来があると聞きました？

A 大腸がんの手術の場合、肛門にごく近い直腸がんの手術や、腸閉塞（ちょうへいそく）を伴う大腸がんの手術の場合、人工肛門を作ることがあります。人工肛門は、ストーマとも呼ばれています。

人工肛門は、腸の一部をお腹の壁を通して皮膚の上に出して、肛門に代わって便の出口としたものです。1〜2cmほど皮膚から腸が突き出た形になります。人工肛門は、本来の肛門のように筋肉を使って、お尻を締める、緩めるということができません。そのため、便やガスがいつ出るかわかりません。便の受け皿として専用の袋（パウチ）を人工肛門に張り付けて、便の管理する必要があります。

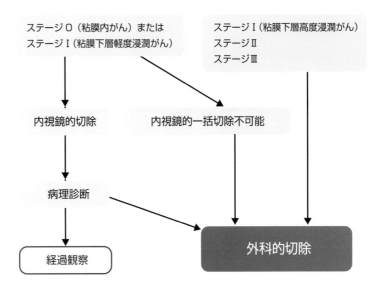

図　ステージ0〜ステージⅢ大腸がんの治療方針

がんに罹（かか）る患者さんの増加に伴い、人工肛門を必要とする方も多くなってきています。そのような人工肛門をお持ちの患者さん（オストメイトといいます）の診療を行っているのがストーマ外来です。人工肛門管理の専門資格を持った皮膚・排泄ケア看護認定看護師が、それぞれの患者さんの人工肛門の状態に合わせたケアや管理のアドバイスを行っています。当院で手術を行われた方はもちろん、ほかの施設で手術を行われた方も受診することが可能です。また腸管ストーマ（人工肛門）だけでなく、尿路系ストーマ（人工膀胱や尿管皮膚ろう）に関するトラブルや相談にも対応しています。

参考文献：「大腸がん治療ガイドライン医師用2019年度版」（大腸癌研究会）http://www.jsccr.jp/guideline/2019/particular.html

一言メモ

大腸がんに対する治療の基本は、がんの切除です。ごく早期のがんであれば、内視鏡治療の適応になります。大腸がんの手術は腹腔鏡での手術が主流であり、直腸がんでは、ロボット支援手術が行われるようになりました。
転移を伴う大腸がんでは、手術と抗がん剤の組み合わせによる治療が必要です。

世界から注目！　もやもや病に対する脳血行再建術
——もやもや病

脳神経外科
黒田 敏（くろだ さとし）教授

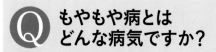

Q もやもや病とはどんな病気ですか？

A　もやもや病は、頭の中の頚動脈（けいどうみゃく）とその枝が細くなっていく原因不明の疾患です（図1）。脳の血流がとても悪くなるので、脳の中のとても細い血管が拡張してなんとか脳に血流を送ろうとします。その血管がタバコの煙のように「もやもや」して見えることから、日本の研究者によって「もやもや病」と命名されて50年が経ちました。日本、韓国、中国などの東アジアに多く発生し、約20％の患者さんで家系内発症が確認されています。もやもや病は子どもにも大人にも発生します。

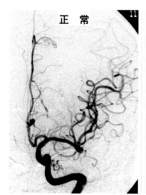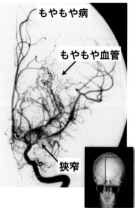

左内頚動脈撮影・正面像

図1　正常（左）、もやもや病（右）の脳血管撮影

子どもの場合は5〜6歳前後の患者さんが最も多く、多くの場合、とつぜん数分〜30分程どちらかの、あるいは、両方の手足の力が入りにくくなる一過性（いっかせい）脳虚血発作（TIA）（のうきょけつほっさ）をきたします。特に熱い麺類を食べる、泣く、吹奏楽器を吹く、運動するなど、通常よりも呼吸が激しくなることで発作が誘発されます。4歳未満の乳幼児では、TIAのほか、脳梗塞（のうこうそく）で発症することが多いと知られています。また、朝起きたときに前頭部の強い頭痛、嘔吐（おうと）の発作を繰り返すこともあります。大人の場合は、これらTIA、脳梗塞のほか、もやもや血管の破裂によって脳出血を発症することもあります。子ども、大人とも、これらの発作を放置していると、重篤な脳梗塞や脳出血をきたし、日常生活に大きな支障をきたすことが知られています。

もやもや病は多くの場合、脳MR検査で診断することが可能です。脳の断層写真（MRI）のほか、MRを用いた血管撮影（MRA）が有用です。もやもや病と診断された場合、確定診断や治療方針の決定のため、カテーテルを用いた脳血管撮影や脳血流検査（SPECT）が必要です。

これまでは脳の血管が細くなっている原因が「もやもや病」によるものか？　動脈硬化によるものか？　区別できないことがありましたが、2015年に私自身が、MRIの特殊な撮影法を応用すると高い信頼度で両者を区別できることを明らかにして以来、もやもや病の診断精度が飛躍的に向上しました。私は、厚生労働省のもやもや病研究班で長年にわたって中心的役割を果たしています。2020年度に改訂される「もやもや病」の診断基準にも、この

方法が新たに採用される予定です。

もやもや病はどのように 治療するのですか?

　もやもや病では、病気を根本的に治す薬はありません。また、細くなってしまった頚動脈を広げて治すことも大変危険で不可能なので、バイパス手術によって脳血流を改善させることが一般的です。

　バイパス手術には、頭皮の動脈を脳表の動脈に直接つないで脳血流を増加させる「直接バイパス術」に加えて(図2)、もやもや病に特異的な手法として、側頭部の筋肉などを脳の表面に貼りつけて脳血流を改善させる「間接バイパス術」が行われています。もやもや病では脳表の動脈が0.5～1.0mmと大変細いことに加えて、動脈の壁が大変薄いことが特徴です。ですから、直接バイパス術を実施するには、

外科医としてかなりの修練を積まなければなりませんが、術後すぐに脳血流を改善させることができるので、脳梗塞などの発作を予防する点で即効性があります。

　一方、間接バイパス術は手技が容易な反面、脳血流の改善に3～4か月を要するため、術後、脳梗塞などの合併症の頻度(ひんど)が高くなるほか、大人の約30%では間接バイパス術が機能しないことが知られています。

　当院では、私が赴任した2012年以降、一貫して直接バイパス術、間接バイパス術の両者を同時に実施する「複合バイパス術」を例年20～25件あまり実施しています。治療件数は国内でもトップクラスであることはもちろん、1998年に私が開発した新しい手術法は、従来のものよりも5～20年の長期成績が良好で、「ultimate bypass(究極のバイパス手術)」と呼ばれていることなどから、県内のほか、関東、東北、東海地方から多数の患者さんが当院で治療を受けています。また、ヨーロッパからの患者さんたちに対しても治療を実施してきました。さらに、この手術法を学ぶため、国内の脳神経外科医のほか、ロシア、インド、ネパール、中国など諸外国の脳神経外科医が当院を訪れています(写真)。

準備完了。緑色のシートの1目盛が1mmです。バイパスしやすいように動脈を青く着色しています

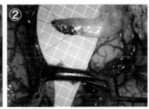

脳表の動脈をクリップで遮断しています。このクリップは、Kurodaクリップとして国内外で広く使用されています

脳表の動脈を切開した場面です。動脈内の血液がなくなると、動脈の壁がとても薄くて透明に見えます

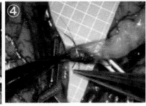

髪の毛よりも細い針と糸で2つの動脈を吻合しています。この鉗子も、Kuroda鉗子として国内外で広く使用されています

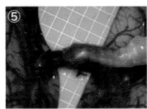

バイパス完了。頭皮の動脈から脳表の動脈に豊富な血流が流れています

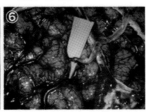

手術全景。直接バイパス術が終了したあと、間接バイパス術を実施して手術を終了します

図2　もやもや病に対する直接バイパス術

写真　富山大学脳神経外科チームの面々(2019年4月)

48 先天性の神経の病気、腫瘍から子どもをまもる

——頭蓋骨縫合早期癒合症、水頭症、二分脊椎、小児脳腫瘍

脳神経外科
赤井 卓也 診療教授

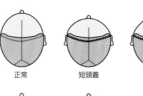

正常　　短頭蓋　　斜頭蓋

三角頭蓋　　舟状頭蓋　　クローバー葉頭蓋

図1　頭のゆがみ（頭蓋骨縫合早期癒合症）

Q 子どもの頭のかたちが気になります

頭蓋骨は骨パネルの組み合わせでできています。その骨パネルのつなぎ目を骨縫合といいます。子どもの骨は2歳まで急速に成長し、その後は、一定のペースで15歳（女子）から18歳（男子）頃まで成長します。ところが骨縫合が予定より早く完全に閉じるとその部分の頭蓋骨が成長できなくなり、頭の形がゆがみます（頭蓋骨縫合早期癒合症）。頭のゆがみは、脳に影響して、発達の妨げとなることがあります。また、頭の骨は顔の骨に繋がっているため、顔までゆがむことがあります。早く閉じてしまった骨縫合の部位によって、頭の形は異なります（図1）。両側の横方向の骨縫合が早く閉じる（太線）と前後が短い頭になります（短頭蓋）。その片側の縫合だけが閉じると、片側が平らな頭になります（斜頭蓋）。前頭部中央の縫合が閉じると額が尖ります（三角頭蓋）。中央の縫合が前から後ろまで閉じると前後に長い頭になります（舟状頭蓋）。いくつも縫合が閉じると、どちらへも頭蓋骨が大きくなれないため、骨パネルが曲がって正面から見るとクローバーの葉のようになります（クローバー葉頭蓋）。この場合は、頭の中の圧が高くなり、長くそのままに

すると眼が見えなくなることもあります。

診断は、頭のかたち、頭の大きさ、早く閉じた縫合を触る（でっぱりとして触れます）ことで予想し、頭部CTで診断を確定します。一方、頭の形がゆがんでいても病気ではなく「ねぐせ」のことがあります。同じ姿勢で眠っていると、下になった骨が圧迫されて平らになります。真上を向いていると後ろ頭が平らになり、少し横をむいて眠るくせがあると斜め後ろの頭が平らになります。一度、平らになると、そこを下にして眠ると安定するので、その姿勢を好むようになり、より平らになります。

治療は手術になります。脳の成長を妨げないように頭蓋骨を切って外へ向かって拡大します。早く閉じた縫合のみ切り取る方法、骨切り後に骨パネルを移動して固定する方法、骨切り後骨延長器を取り付けて少しずつ頭蓋骨を拡大する方法があります。

Q 子どもの頭が大きいように思います

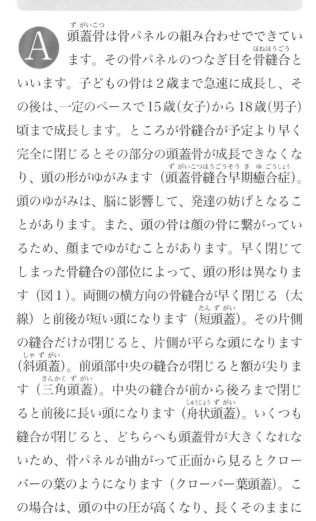

頭の骨がある程度固まるまでは、頭に水（脳を包む脳脊髄液）がたまると、頭が大きくなります。頭に過剰な水がたまった状態を水頭

症といい、手術が必要な子どもの神経の病気で最も多いものです。母子手帳に頭の大きさを記入すると、少しずつ平均より大きくなってきていることが分かります。お母さんのお腹の中にいるときに超音波検査で分かることもあります。頭に水がたまると、元気がなくなり、食欲が低下します。さらに悪くなると、吐いたり、眠りがちになったりします。年長児になると「頭が痛い」と言います。

診断は、頭の大きさの変化（母子手帳の記録）、頭部CT・MRIで判断します。

治療は手術になります。水を入れている脳の部屋（脳室）とお腹をチューブでつないで、お腹で水を吸収させる手術（シャント手術）が基本です。2歳以降であれば、脳の中で新たに水が流れる路をつくる内視鏡手術で治療できることもあります。

 おしりにへこみがあります

 背中からおしりの中央部にへこみ・あざ・ほくろ・ふくらみがあるときは、その下の骨が分かれていることがあります（二分脊椎）。二分脊椎は、①脊椎が分かれているだけの場合（潜在性二分脊椎）、②脂肪が脊椎の管のなかに取り込まれている場合（脊髄脂肪腫）、③神経が外に出ている場合（脊髄髄膜瘤）があります（図2）。神経が外に出ているときは、生まれたときに見つかります。それ以外の場合は、外から見ただけでは分からないことが多いです。仙椎（脊椎の最も下のところ）が分かれているだけでは、問題ありませんが、それより上の腰椎、胸椎が分かれているときは、腰痛や側弯（背骨が曲がる）を起こすことがあります。骨だけでなく、神経が外に出ていたり、脂肪が

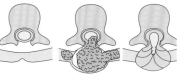

潜在性二分脊椎　　脊髄脂肪腫　　髄膜瘤

図2　おしりのへこみ・ふくらみ（二分脊椎）

取り込まれていたりすると、脊髄の神経が弱り、うまく歩けない、歩くと足が痛くなる・しびれる、便秘がひどい、尿がうまくでないなどの症状が出ます。

診断は、その部分の皮膚の状態と脊椎CT・MRIで行います。CTでどの骨が分かれているか判断し、MRIで神経の位置、脂肪の取り込みを判断します。

治療は、①のときは、通常治療は要りません。ただ、激しい運動をすると腰痛が起こることがあります。②のときは、脂肪と神経のつながりをなくす手術が必要です。③で神経が外から見えるときは、生まれてすぐに手術が必要です。手術で、外に出た神経をもとの位置にもどし、神経を包む管をつくり、皮膚を閉じます。神経が見えないときは、生まれて1か月以内に手術をすることが多いです。

 ときどき吐くけど、胃腸の薬を飲んでもよくなりません

 吐いて、元気がないときの多くはかぜによる胃腸炎ですが、まれに、脳腫瘍が原因のことがあります。子どもの脳腫瘍は水頭症を併発していることが多く、胃腸炎に似た症状が出ます。治療を受けていても症状が良くならないときは、要注意です。脳腫瘍の場合、症状が出始めると日ごとに悪くなっていきます。乳児から幼児では、お座りができなくなった、よく転ぶようになった、歩かなくなった、といった運動発達の後戻りで見つかることがあります。

診断は、頭部CT・MRIになります。症状が分かり難いので、診断が決まるまで時間がかかることがあります。診断がつき次第、急いで手術が必要になることがあります。

治療は、腫瘍の部位と腫瘍の種類によって異なります。水頭症を併発しているので、その治療も同時に行います。薬や放射線治療がよく効く腫瘍では、手術で腫瘍の一部を取り出し、その種類を決めた後に薬の治療から始めます。一方、手術以外の治療があまり効かない腫瘍の場合は、手術でできるだけ腫瘍を取り除いた後、薬や放射線治療を行います。

49 頚椎症性脊髄症の診断と治療

——頚椎症性脊髄症

整形外科
川口 善治 (かわぐち よしはる) 教授

Q 頚椎症性脊髄症とは？

首（頚椎）には脳から続く脊髄という中枢神経があって、これが脊柱管という管の中を通っています。頚椎症性脊髄症とは頚髄症ともいいますが、この管が狭くなって脊髄が圧迫され、さまざまな症状を引き起こす病気のことです。60歳以上の方に多くみられ、年齢の変化（老化現象）が原因と考えられています。

脊柱は椎体という骨、椎間板という軟骨より成り立っています。このうち椎間板に老化現象（変性）が起こり、少しずつ管を狭め、その結果脊椎が圧迫されるようになります。特にもともと脊柱管が狭くなっている方は、少しの変性が起こっただけでも頚髄症をきたしやすくなります。

Q 頚椎症性脊髄症の症状と診断とは？

本疾患の症状として重要なものは、4つあります。①手足のしびれ：ピリピリやチクチクするような異常な感覚、②手指の巧緻運動障害：手の使い勝手がぎこちない、ボタンのはめは

ずしがしにくい、箸が使いづらい、字がうまく書けない、など、③歩行障害：足がつんのめって歩きにくい、スムーズに足が前に出ない、階段で手すりを使わないと落ちそうで恐ろしく感じる、など、④膀胱直腸障害：おしっこをする際、勢いが弱い、出るまでに時間がかかる、たまに漏らしてしまう、など。これらが代表的症状です。

診察する医師は、話を聞いて、実際に神経の症状が現れているかを診察で確かめます。その後レントゲン、CT、MRIなど画像診断といった方法で脊髄の圧迫があるか、診察で得られた所見と画像所見が一致するかを確かめ、確定診断をして行きます。

Q 頚椎症性脊髄症の治療を教えてください

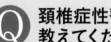

症状の深刻さによって治療法は変わります。症状が軽度で日常生活上問題がない場合は経過を観察します。その際も数か月に一度は診察が必要です。経過中に症状の変化があれば、すぐにでもご連絡ください。症状が強く、日常の生活に困難をきたす場合は手術を行います。薬で治癒することは見込めず、残念ながらこの病気に対する特効薬はありません。ただし、手術を計画する場合も患者さんには、十分に説明しますので安心してください。手術は首の前から行う方法と、後ろから行う方法があり、病態によって使い分けています。詳細は主治医と相談してください。

いずれの手術も重篤な合併症を生じる危険性は極めて少なく、長期にわたる成績も安定しています。

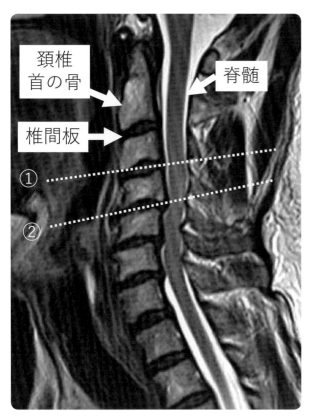

図1 頚椎（首）を横から見たMRI。①の部分では脊髄の圧迫はない状態です。②の部分では脊髄が蛇行しているように見え、圧迫が起こっている状態です

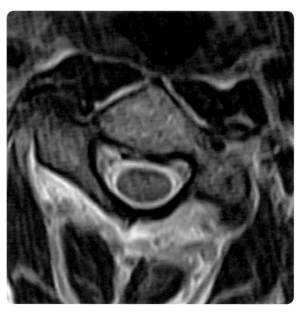

図2 図1−①で頚椎（首）の輪切りを切ったMRI。脊髄は楕円形をしており、周りから圧迫は受けていません

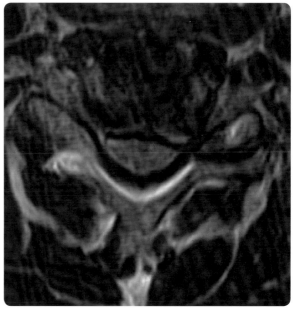

図3 図1−②で頚椎（首）の輪切りを切ったMRI。脊髄は三角形をしており、周りから圧迫を受けています

術後は約1〜2週間で退院となる予定です。当院では年間約100例の患者さんに頚椎の手術を行っています。

 予防法について

年齢の変化（老化現象）が原因ですので、これを防ぐ手立ては今のところありません。しかし、何もしないでいると筋肉が痩せ、骨が衰えます。天気の良いときは外に出て日光浴をしながら、軽いウオーキングをお勧めします。元気な体を保つことによって、病気に打ち勝つ心構えをしていただきたいと思っています。

私たち富山大学附属病院の整形外科医は患者さんの言葉（症状）に熱心に耳を傾け、病態を正確に探り、適切な治療を行うように最大限の努力を行います。頚髄症はともすれば重篤な神経の症状を引き起こす病気ですが、適切な治療によって患者さんに健やかな生活をお送りいただき、日常の安心を提供したいと思っています。

50 膝のスポーツ傷害に対する治療

——軟骨・半月板・靭帯損傷

整形外科
下条 竜一（げじょう りゅういち）診療准教授

Q 膝のスポーツ傷害には、どのようなものがありますか？

膝関節（ひざかんせつ）は、太ももの骨（大腿骨（だいたいこつ））とすねの骨（脛骨（けいこつ））、そして膝の前の骨（膝蓋骨（しつがいこつ））で構成されています。骨の間には、クッションの役割を果たしている軟骨（なんこつ）や半月板（はんげつばん）があり、骨をつなぎ合わせている靭帯（じんたい）が膝関節を安定に保っています（図）。膝関節は骨同士が直接かみ合っているわけではないため、骨だけでは非常に不安定な関節で、けがによって軟骨や半月板、靭帯は損傷を受けやすく、スポーツ傷害の中でも頻度（ひんど）の高い部位となっています。

Q 軟骨損傷に対する治療法は？

軟骨損傷は、初期段階では太ももの筋肉を鍛えるなどの保存療法で痛みを和らげることができます。しかし、軟骨はいったん損傷されるとそのままでは再生しないので、膝の痛みや腫（は）れが続いて手術が必要な場合があります。主な手術方法は次の3つです。

1. 関節鏡（関節用の内視鏡）を用いて、軟骨の土台の骨髄（こつずい）に小さな孔をあけ、軟骨に似た組織の再生を促す方法（骨髄刺激法）。
2. 膝関節内の荷重がかからない部分から、軟骨をその土台の骨ごと円柱状に採取し、軟骨欠損部に移植する方法（骨軟骨柱移植（こつなんこつちゅういしょく）、写真1）。
3. 最近可能になった治療法として、関節内の軟骨をあらかじめ少量採取し、約1か月かけて培養した軟骨（写真2）を欠損部に移植する方法（自家培養軟骨移植（じかばいようなんこついしょく））。この方法は、県内では最初に当院で行い、軟骨損傷治療の新たな選択肢となっています。

これらの治療により、関節軟骨面が修復され、スポーツに復帰することが可能です。

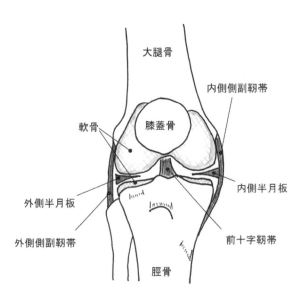

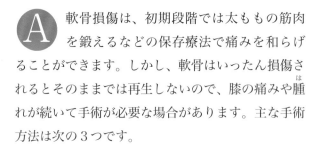

図　膝は骨とその間のクッションである軟骨と半月板、骨をつなぐ靭帯で構成されています

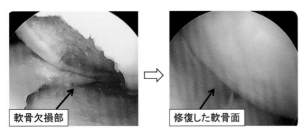

写真1　軟骨欠損部（左）に骨軟骨柱を移植し、術後約1年で軟骨面が修復したところです（右）

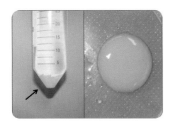

写真2　採取した少量の軟骨（矢印）から培養軟骨（右）を作成し、軟骨欠損部に移植します

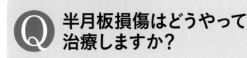 半月板損傷はどうやって治療しますか？

半月板が損傷されると、亀裂部が引っかかって膝の曲げ伸ばしがしにくくなったり、痛みが生じます。多くの場合、筋肉訓練などの保存療法で痛みを和らげることができますが、症状が続く場合は手術を行うことがあります。

　手術は関節鏡で行い、半月板損傷の形態によっては、引っかかる部分をやむを得ず切除することがありますが、半月板のクッション作用をできるだけ残すために縫合術を行います。この場合、損傷部位によっては血流が悪く治りにくいので、自分の血液から作成した血餅を亀裂部に充てんして縫合し、治癒率を上げる工夫を行っています（写真3）。

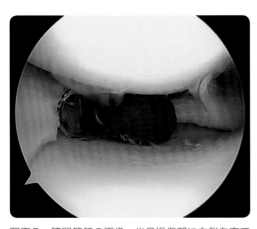

写真3　膝関節鏡の画像。半月損傷部に血餅を充てんし、半月板縫合を行っているところです

靭帯損傷の治療法とスポーツ復帰までの期間は？

靭帯損傷のうち最も多くみられるのが、内側側副靭帯損傷です。治療は装具などの保存療法で6〜8週で治ることがほとんどです。

　次に多いのが前十字靭帯損傷です。前十字靭帯は断裂したら完治しないことが多く、膝関節の不安定性が残り、スポーツ活動に支障をきたします。また、不安定性のために軟骨や半月板を傷め変形性関節症につながる可能性があるため、適切な治療が求められます。スポーツを希望されるなど、活動性が高い方には手術を勧めています。

　手術は関節鏡を用いて行います。膝周囲の腱を採取して関節内に移植し、前十字靭帯を再建します（写真4）。もとの靭帯にできるだけ近い形に再建することで、関節の動きや安定性は手術前に回復し、スポーツも可能になります。ただし、移植した靭帯がしっかり生着するまでには時間がかかるため、適切にリハビリテーションを行うことが大切であり、手術後8か月から1年でのスポーツ復帰を目指します。

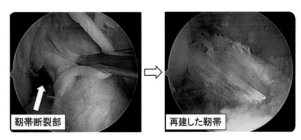

写真4　断裂した前十字靭帯（左）に対し、関節鏡で靭帯再建術を行います（右）

一言メモ

1. 膝は、スポーツでけがをすることが多い関節です。

2. まずは、筋力訓練などの保存療法を根気よく続けることが大切です。

3. 痛みが続く場合や、損傷程度によっては、手術が有効な手段となります。手術は体への負担が少ない関節鏡を用いて行います。

4. 当院では、さまざまな膝のスポーツ傷害に先端医療で対応しています。

51 手の病気や障害の治療
──手外科手術

整形外科
頭川 峰志 診療助手
（ずかわ みねゆき）

Q 手の特異性について

A 手は第2の脳ともいわれます。手には多くの関節、筋肉、腱があって、非常に繊細な動きが可能であり、また神経が密に分布するきわめて大切な部分です。このため、少しの障害でも日常生活に大きな支障や苦痛が生じます。また露出部であるため、変形、欠失、瘢痕などの外観の異常は精神的な負担につながります。

手の診療においては、形（かたち）と機能についての詳細な知識と繊細な技術が要求されます。特に、

手、指の手術では0.5～2mm前後の血管や神経を扱うため、細かい操作には顕微鏡を使った手術を行うことが多くなります。これらの特殊性から、手外科領域では、整形外科とは別に専門医制度が設けられています。富山県内には現在4人の手外科専門医がおり、そのうちの2人が当院に常勤して手の診療にあたっています。

痛みや障害に対して、診察や各種画像（X線検査、エコー、CT、MRI）所見、ブロック注射などを組み合わせて、原因検索や病態把握を行います（図）。また、糖尿病、関節リウマチ、ホルモン異常など、全身に現れる異常の部分的な症状が、手に所見として出ている可能性も考えて、手の症状だけにとらわれない診察と治療を行っています。

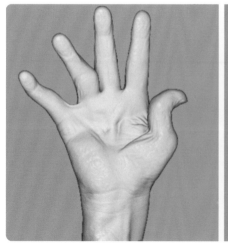
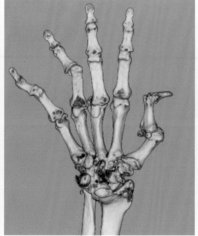
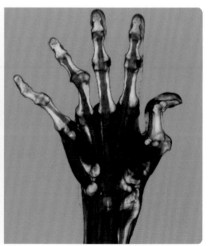

図　骨と腱を描出した3次元CT

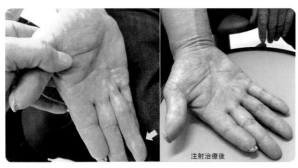

写真1　デュピイトレン拘縮（手のひらに索状のしこりができて指が伸ばせなくなる疾患）に対する注射治療は、現在専門施設でしか行えません

どのような治療がありますか？

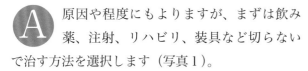

原因や程度にもよりますが、まずは飲み薬、注射、リハビリ、装具など切らないで治す方法を選択します（写真1）。

手の手術は、けがの治療、病気に対する治療、けがや病気の後遺症に対する機能再建治療があります。けがの治療では、皮膚の欠損や骨折、神経・血管・腱の断裂に対する修復を行います。切断ではできる限り、これらをすべて修復する再接着を目指します（写真2）。

ひどいけがの場合は、ほかの部位から手に皮膚や骨、軟骨などを移植する手術を行うこともあります。

病気で多いのは、腱鞘炎、末梢神経圧迫、関節軟骨変性です。腱の通り道が狭くなり、その部分に炎症が起きて痛みや運動障害が生じた場合や、神経が

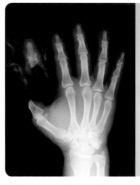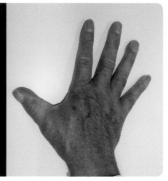

写真2　切断指の再接着。顕微鏡で血管や神経をつなぎます

圧迫されてしびれや麻痺が生じた場合に、圧迫されている腱や神経を開放します。軟骨が失われることで関節が障害されている場合には、関節固定あるいは人工関節手術を行います。機能再建には、変形に対する矯正、神経麻痺に対する腱移行、拘縮によって固まってしまった関節に対する授動術などが含まれます（写真3）。当院では、このように高度な専門性のもとに、手の病気や障害の治療を行っています。

手術を受けるのは怖くないですか？

各種麻酔により、苦痛が最小限になるよう心がけています。手術の範囲や程度に応じて、全身麻酔、腕だけに麻酔をかける腕神経叢ブロック、動きを保ちながら行う局所麻酔を使い分けています。

特に、局所麻酔の手術では患者さんに指を動かしてもらい、本人にも動きの回復を手術中から実感してもらって早いリハビリにつなげています。手外科手術は、日帰りあるいは1泊入院の手術も多く行っています。

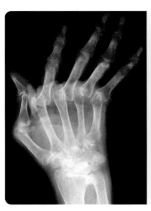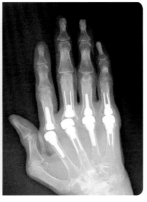

写真3　指の人工関節置換術（リウマチの尺側偏位、MP人工関節）

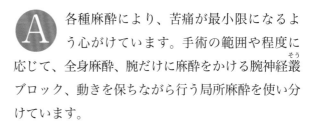

一言メモ

1. 手には多くの骨、関節、筋肉、腱、神経があり、これらがけがや病気で障害されると痛みや機能障害が出現します。

2. 当院では、これらの原因や病態に応じて、高い専門性でけがや病気の治療、および後遺症に対する機能再建を行っています。

52 切迫早産の患者さんに対する子宮内環境を評価した病態別治療戦略
——切迫早産

産科婦人科
よねだ さとし
米田 哲 診療准教授

Q 切迫早産とは？

A 妊娠22週0日から妊娠36週6日までに出産となる場合、「早産」と定義されています。早産で産まれてくると、さまざまな病気になりやすく、発達の遅れも生じやすくなるとされています。また、将来、成人病になりやすいことも分かっています。国内における早産率は、約5.7％であり、世界的にみると低い割合ですが、その対策は重要です。

その主な病態は、子宮内の「炎症」であることが分かってきました。この子宮内炎症の原因の約3〜5割は、「子宮内病原微生物（いわゆるバイ菌）の存在」と考えられています。また、臨床的な特徴として、早く生まれてしまう重症の早産であればあるほど、子宮内病原微生物の存在率が高いことが私たちの研究データで示されています。

Q 子宮内のバイ菌を判別する最新の方法とは？

A 病原微生物を同定するための検査法は、通常、細菌培養検査で行われます。この培ばいち養検査は、栄養素の入った培地と呼ばれる液体や寒天上でバイ菌を増やして検査するのですが、すべての細菌を同定することはできません。

また、結果が出るまで2〜7日間の時間が必要ですので、速やかに抗生物質を選択することができませんでした。この問題を解決するために、臨床検査部とタッグを組み、正確かつ迅速に病原微生物を判別できるPCR法（遺伝子増幅法）を開発することに成功しました。このシステムにより、病原微生物がわずかでもいれば陽性と評価でき、しかも、3〜4時間で結果を知ることができます。

一方、子宮内炎症についても、羊水中サイトカイン（IL-8値）を用いて同時に評価しています。この結果、早期の早産であるほど、子宮内炎症の頻度ひんどが高く、さらに妊娠27週未満の早産（1000g未満）では、6〜7割に子宮内病原微生物が存在している病態が明らかになってきました（図1）。このような子宮内病原微生物は、一般細菌のみならず、ウレアプラズマ感染も関与していることが判明しています（図2）。

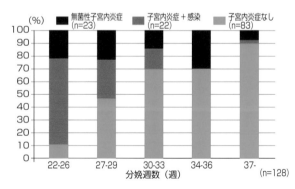

図1　分娩週数別にみた子宮内炎症・感染の頻度

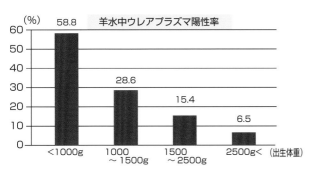

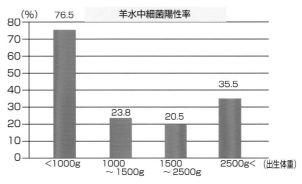

図2　新生児：出生体重別にみた（入院時）羊水中病原微生物割合（n=108）

Q 病態別治療戦略とは？

A 切迫早産、頸管無力症（けいかん むりょくしょう）の患者さんは、このような子宮内環境の破綻がベースにあることが多く、診断がなされてからの治療には限界もあります。しかし、私たちの開発したPCR法は、正確、かつ迅速にバイ菌の有無を評価できるため、適切な抗生物質を速やかに選択することが可能となり、その結果、妊娠期間の延長効果（平均30日間）を認めています（図3）。

また、バイ菌のいない無菌性の子宮内炎症に対しては、その炎症が軽度であれば、黄体ホルモン（おうたい）（筋肉注射）を投与することにより、妊娠期間が延長（平均26日間）することが分かってきました（図4）。このような病態別治療戦略が、従来の子宮収縮抑制剤の点滴治療に新たに追加する形で可能となっています。しかし、この治療を可能とする羊水検査は、現在のところ保険収載されておらず、研究段階として行っています。

Q 早産既往歴は、最大の早産リスク因子ですか？

A 一度でも早産の既往があると、次回の妊娠も早産のリスクが高くなることが知られています。前述のように、子宮内環境のなんらかの破綻が自然早産を招く原因であるため、妊娠初期よりその対策が必要です。残念ながら、早産の予防法として確立された方法はありませんが、前回の早産原因、病態を理解することで、次回の妊娠に向けた対応は変わってくることもあります。よって、プレコンセプション（妊娠前の相談）が必要なのです。当科では、このような相談にも対応可能です。

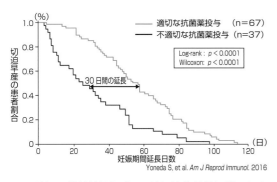

Yoneda S, et al. Am J Reprod Immunol. 2016

図3　適切な抗菌薬投与群と不適切抗菌薬投与群における妊娠延長期間の比較

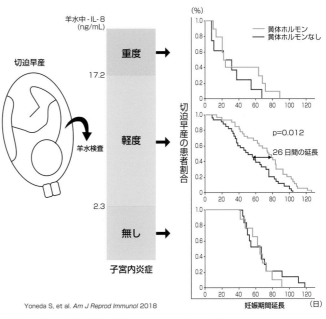

Yoneda S, et al. Am J Reprod Immunol 2018

図4　子宮内炎症別、黄体ホルモンの治療効果

53 不育症による流産の治療

—— 不育症

産科婦人科
さいとう しげる
齋藤 滋 学長

相談窓口
・富山県不妊専門相談センター
　TEL：076-482-3033
　富山市湊入船町6-7（富山県民共生センター「サンフォルテ」2階）
　電話相談　火・木・土曜日　9時～13時　　水・金曜日　14時～18時
　面接相談　水・金曜日　9時～13時　　火・木・土曜日　14時～18時
　ホームページURL：http://www.pref.toyama.jp/cms_sec/1205/kj00001138.html
お問い合わせ先
・富山県厚生部健康課母子・歯科保健係
　TEL：076-444-3226（直通）

専門医による個別相談、教室・
おしゃべり会も実施しています。

図1　不育症に関する相談窓口

Q 不育症とは、どんな病気ですか？

A 2回続けて流産を繰り返した場合、不育症と診断されます。1回目の妊娠の際は何もなく、元気な赤ちゃんが生まれたのに、2回目、3回目の妊娠で流産となった場合も、不育症に含まれます。

Q 不育症は、とても珍しい病気でしょうか？

A 妊娠した場合、15％が自然に流産をしてしまいます。流産を2回以上繰り返す不育症例は、国内で約2～3万人いると考えられています。ですから、富山県でも200～300人の方が不育症で悩んでおられることになります。決して珍しい病気ではありません。

Q 不妊症と不育症を併せ持つことがあるのでしょうか？

A 当院のデータでは不育症患者さんの20～30％の方が、不妊症と不育症を併せ持っ

ています。その場合、妊娠するまでは不妊症の治療を行い、妊娠してから不育症の治療を不育症専門外来で行います。

Q 不育症のことで相談や受診をしたいのですが？

A 不育症に関する相談窓口が富山県不妊専門相談センター（図1）。電話相談と面接相談がありますので、電話で確認してください。北陸で不育症外来を開設している病院は、当院と新潟大学医歯学総合病院の2施設です。当院では月曜・水曜・金曜に不育症外来を開設しています。近くの産婦人科の先生に紹介状を書いていただき、受診されることをお勧めします。

Q 不育症の検査で、どんなことが分かるのでしょうか？

A 「図2」に示すように不育症のリスク因子には子宮の形が悪いもの（7.8％）、甲状腺機能障害（6.8％）、染色体構造異常（4.6％）、抗リン脂質抗体陽性（10.2％）、第 XII 因子欠乏（7.2％）、プロテインS欠乏（7.4％）、プロテインC欠乏（0.2％）

不育症のリスク因子

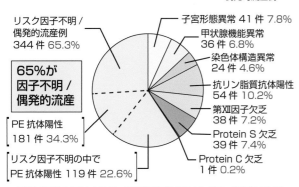

1. 子宮形態異常
2. 甲状腺機能異常
3. 染色体構造異常
4. 抗リン脂質抗体陽性

β₂GPI依存性抗		再検査について		
CL抗体	2.7%	陽性24件	4.6%	
抗CLIgG	4.7%	陰性 3件	0.6%	
抗CLIgM	2.7%	1回のみ検査		
LA	1.1%		27件	5.1%
（重複あり）				

5. 第XII因子欠乏
6. Protein S 欠乏
7. Protein C 欠乏
8. リスク因子不明／偶発的流産例

リスク因子不明／偶発的流産例 344件 65.3%

65%が因子不明／偶発的流産

PE抗体陽性 181件 34.3%

リスク因子不明の中で PE抗体陽性 119件 22.6%

子宮形態異常 41件 7.8%
甲状腺機能異常 36件 6.8%
染色体構造異常 24件 4.6%
抗リン脂質抗体陽性 54件 10.2%
第XII因子欠乏 38件 7.2%
Protein S 欠乏 39件 7.4%
Protein C 欠乏 1件 0.2%

n=527（年齢34.3±4.8歳、既往流産回数2.8±1.4回、重複有43件）
「厚生労働研究 齋藤班」をもとに作図

図2 不育症のリスク因子別頻度

があります。そのほか、保険診療ではありませんが、自費診療で抗PE抗体陽性（22.6%）、NK細胞活性高値（約20%）がリスク因子となります。それぞれのリスク因子に添った治療を行います。

　子宮の形は超音波やMRI検査を行い、重症例では子宮の整形手術を行います。甲状腺機能障害は薬で治療します。染色体構造異常の場合はカウンセリングを行い、抗リン脂質抗体、第XII因子欠乏症、プロテインS欠乏症、プロテインC欠乏症では血栓のため流産が起こるので、血栓を予防する薬（アスピリンやヘパリン）を使用します。NK細胞活性高値の場合、赤ちゃんが拒絶反応のため流産するので、プレドニゾロンという薬や漢方薬で、NK細胞活性を正常化させてから妊娠してもらいます。

 不育症の検査や治療に対しての補助はありますか?

　不育症の検査の多くは保険で行いますが一部は保険が適用されず、1万8000円程度の自費検査となります。2017年から、富山県の全市町村で不育症治療の補助が出ることになりました。詳しくは各市町村にお尋ねください。

Q 不育症で治療すると赤ちゃんを持てますか?

　A 当院の成績では約70%の方が、治療後の妊娠で流産をせずに経過しています。流産した赤ちゃんの染色体異常を除くと（健常人に起こる約15%の流産の大半は赤ちゃんの染色体異常と考えられています）、次回妊娠時の生児獲得率（成功率）は90%となっています。流産の後で悩んでおられる方も多いと思いますが、まずは受診して流産のリスクを見つけ出し、治療されることをお勧めします。

Q 検査をしても、何のリスク因子もないと言われました

　A 不育症の検査を行ってもリスク因子が見つからない方が65%います。これは偶発的に赤ちゃんの染色体異常による妊娠が繰り返された場合か、検査では検出されない未知のリスク因子が潜んでいるかのどちらかです。このような方には特別な治療を行わず、次回の妊娠に臨んでもらっています。その結果、次回の妊娠では70%以上の方が生児を得ています。ただし、Tender loving care（テンダー・ラビング・ケア）といって家族、特にご主人が次回の妊娠の際、できるだけやさしくしてパートナーの不安を取ってもらうように指導しています。この方法の有効性は世界でも認められている治療法の1つです。

一言メモ

ストレスと不育症

流産したという悲しみの感情は男女間で大きく異なります。女性は多くの場合、長期間、流産の悲しみが忘れられません。流産後の悲しみに男女差があることを、男性は理解してあげてください。次回妊娠した際も、また流産するのではないかと女性は不安になるため、パートナーが精神的なサポートをすることは極めて重要です。

54 子宮頸がんの治療

——子宮頸がん

産科婦人科
なかしま あきとし
中島 彰俊 教授

若い女性に最も多いがんです。晩婚化も相まって、妊娠を契機に発見される方も増えており、この病気が若い世代の妊孕性（妊娠できること）に重大な影響を及ぼしています（図1）。

Q 子宮頸がんとは、どんな病気ですか？

 子宮がんには、子宮頸がん（子宮がんの約5割）と子宮体がんがあり、子宮の出口にあたる子宮頸部からできるのが頸がんです。国内で1年間に子宮頸がんになる人は、約1万800人で上皮内がんは約2万1000人です（地域がん登録全国推計値2015年）。死亡者数が約2800人（人口動態統計2017年）です。子宮頸がんは、子宮がん検診により減少傾向でしたが、近年は緩やかな増加傾向にあります。また、子宮頸がん（上皮内がんを含め）の発症が、20歳代より急速に増加しており、

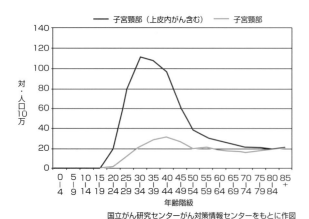

図1　子宮頸がん罹患数：年齢階級別（2012年）

Q 子宮頸がんはどのように治療しますか？

 治療法は主に3つの方法に分かれます。1つ目は、子宮腟部円錐切除術で、子宮頸部の上皮内がんを疑う患者さんを対象に行います。子宮頸部のみを円錐状に切除することで、上皮内がんの部位をすべて切除することを目的とし、病変がすべて切除されている場合、治療は終了します（図2-①）。一方で、円錐切除の深さが深いと妊娠時の早産と関係することも分かってきています。当科では将来の妊娠希望のある方には、患者さんに応じて切除の深さを浅くして、この手術を行っています。

2つ目の治療法は、手術療法（多くの方が広汎子宮全摘術）です（図2-②）。主に子宮頸がんⅡB期（子宮頸がんが子宮頸部周囲に少し広がった状態）までの患者さんを対象としています。手術後の主な合併症に、排尿障害や下肢リンパ浮腫があり、元の日常生活に戻ることへの妨げになっています。

当科では、排尿障害の起こりにくい手術の工夫を行うことや、リンパ浮腫外来を開設しリンパ浮腫の予防に努め、治療後の日常生活への復帰を支援しています。また、病気の進行具合に応じ、手術後に放射線治療を追加する必要が出てきます。その場合、閉経前の方には卵巣温存術、移動術（放射線からの

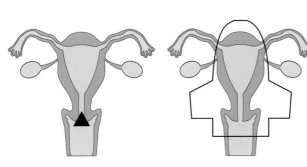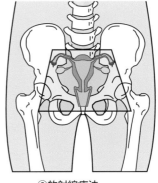

①子宮膣部円錐切除術
（黒三角部位が切除範囲）

②広汎子宮全摘術
（黒線で囲まれた所が切除範囲）

③放射線療法
（黄色範囲が照射部位）

図2　子宮頸がんの治療

影響を避けるため）を手術中に行っています（進行具合によっては、できない場合もあります）。

　3つ目の治療は、放射線治療を含む集学的治療（化学療法などを併用した総合的治療）です（図2-③）。この治療は、主にⅢA期以降（手術だけで子宮頸がんの完全切除が困難な状態）の患者さんが対象となります。この病期の子宮頸がんへの標準治療は、放射線治療（同時化学放射線療法を含む）です。一方で、それだけでは治療困難な患者さんが多くなります。

　当科では、標準治療を中心に化学療法および分子標的薬治療（ベバシズマブ：アバスチン®）を併用した治療を積極的に行っています。

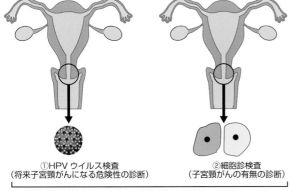

①HPV ウイルス検査
（将来子宮頸がんになる危険性の診断）

②細胞診検査
（子宮頸がんの有無の診断）

両者の組み合わせで、がんの有無とリスクを診断＝予防につながる

図3　がん検診と HPV 検査

Q　子宮頸がんにならないために、気をつけることはありますか？

　A　ヒトパピローマウイルス（HPV）は性行為によって感染します。しかし、その感染はほとんどの人に起こるものの、HPV 感染の多くは自然に消えてなくなります。一方で、何らかの原因で HPV 感染が子宮頸部に"居着く"ことによって、将来的にその一部の方に子宮頸がんを引き起こします（HPV 検査陽性＝がん、ではありません）（図3）。

　若い方でも「がん検診を受ける」ことが最も大事です。また、子宮頸がんの発症原因が、HPV の子宮頸部への持続感染によるので、HPV 検査の併用により将来的な子宮頸がんの危険性を予測することが可能です。細胞診と HPV 検査を受けることで、がんの見逃しは非常に少なくなることも分かっています。HPV 検査は子宮頸がん検診との併用で、富山県健康増進センター（http://www.kenzou.org/）で行っていますので（別途申し込み必要）、そちらもご利用ください。

一言メモ

子宮頸がんは、そのワクチン使用により最も撲滅が期待されるがんの1つです。世界保健機関（WHO）は、子宮頸がん排除戦略として、①HPV ワクチン接種、②子宮頸がん検診、③その後のケアにより、多くの子宮頸がんを予防できると推定しています。皆さんもまずは、子宮頸がん検診を始めてみませんか？

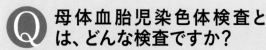

55 母体の血液検査から、胎児染色体異常を知る(NIPT)
——胎児染色体異常

産科婦人科
伊藤 実香(いとう みか) 助教

Q 母体血胎児染色体検査とは、どんな検査ですか?

A 母体血胎児染色体検査（NIPT：Noninvasive prenatal genetic testing）と呼ばれ、2013年から国内でも始まりました。妊娠の初期から、赤ちゃんの細かいDNAのかけらがお母さんの血液中に混じり始めます。それを用いて、赤ちゃんの染色体の変化を予想しようとするものです。

検査は、妊娠10週から通常の採血検査で受けられます。当院の検査にかかる費用は、18万3520円（遺伝カウンセリング料込み）で、21トリソミー（ダウン症候群）、18トリソミー、13トリソミーの3つの疾患に限定して検査を行います。これらの疾患は、染色体疾患の約3分の2を占めます。したがって、残りの3分の1に関しては、この検査では分かりません。確定診断とはならない「非確定的検査」に含まれ、陽性時には羊水検査などの確認検査へと進みます。

Q 誰でも受けられますか?

A 2019年12月時点で、当院では以下の女性を対象に検査を行っています。検査前

後にご夫婦で遺伝カウンセリングを受けていただくことを必須としています。日本医学会より、本検査に関して適切な遺伝カウンセリングが受けられると施設認定を受けている医療機関は、富山県内では当院のみです。

胎児の染色体疾患(21トリソミー、18トリソミー、13トリソミー)についての検査希望があり、以下のいずれかの条件を満たす妊娠女性が対象です。

1. 過去に染色体疾患（21トリソミー、18トリソミー、13トリソミーのいずれか）に罹患（りかん）した児を妊娠、分娩したことがある場合
2. 高齢妊娠の場合（分娩時35歳以上）
3. 超音波検査、母体血清マーカー検査などで、胎児が染色体疾患（21トリソミー、18トリソミー、13トリソミーのいずれか）に罹患している可能性を指摘された場合

Q 検査結果は、どのように出るのでしょうか?

A 検査結果は「陽性」、「陰性」、「判定保留」の3つです。

陰性の場合には、赤ちゃんが21トリソミー、18トリソミー、13トリソミーでない確率（陰性的中率）は99.9%といわれています。しかし、ごくまれに（0.1%以下）、実際は赤ちゃんにこれらの染色体疾患があっても、この検査で陰性（偽陰性）となることがあります。

陽性の場合には、赤ちゃんが本当にその病気であ

る確率（陽性的中率）は、21 トリソミーでは50〜98％程度で、検査を受けた妊婦さんの年齢や背景によって変わります。18 トリソミー、13 トリソミーは、的中率はさらに低くなります。陽性となった場合には、確定診断である羊水染色体検査などを行います。

1 ％以下ですが、判定保留と出ることがあります。その原因として最も多いのは、母体血中を流れる赤ちゃんのDNAの濃度が低いことです。妊娠経過とともに胎児DNAは増えてきますので、再度採血を行うか、羊水検査を受けるか、などを選ぶこともできます。

	超音波マーカー検査（NTなど）	クアトロテスト®	母体血中胎児染色体検査（NIPT）	絨毛検査	羊水検査
非確定検査 / 確定検査	非確定検査（確定診断にはならない）			確定検査	
実施時期	11-13 週	15-18 週	10-22 週	11-15 週	15 週以降
対象疾患	ダウン症候群 18/13 トリソミー	ダウン症候群 18 トリソミー 開放性二分脊椎	ダウン症候群 18/13 トリソミー	染色体疾患全般（感度 99.1%）	染色体疾患全般（感度 99.7%）
検査の安全性	非侵襲的	非侵襲的採血のみ	非侵襲的採血のみ	流産率約 1% 腹部に穿刺	流産率約 0.3% 腹部に穿刺
検査費用（施設で異なる）	10,000 円 〜20,000 円	20,000 円 〜30,000 円	180,000 円程度	100,000 円 〜200,000 円	
当院での施行	可	可	可	不可	可

（NIPT コンソーシアムホームページをもとに作図）

表1　現在、国内で一般的に行われている出生前診断

Q 出生前診断について相談したいのですが……

A お腹の赤ちゃんに病気がないかは、どのご両親も心配されることと思います。赤ちゃんが生まれる前に病気の診断をすることを、出生前診断といいます。

全体の3〜5％の赤ちゃんは、何らかの病気を持って生まれてきます。この採血や羊水検査で調べるのは赤ちゃんの染色体ですが、染色体が原因で起こる先天疾患は全体の4分の1を占めるにすぎません。技術が進んだとはいえ、出生前に分かることはまだ一部です。

「表1」に示すように出生前診断の検査法は多岐にわたり、目的とする疾患により使い分けが必要です。検査結果が同じ「陽性」でも、その意味するところは検査法により異なります。どこまでは検査で知ることができ、どこからは生まれるまで分からないのか、など「遺伝カウンセリング」では、

出生前診断に関する専門的知識を持った医療者が、個々の心配事に合わせて、検査が本当に必要かどうかから一緒に考え、検査の選択をお手伝いします。

富山大学には、複数の臨床遺伝専門医と認定遺伝カウンセラーが在籍しており、各診療科の専門医と連携して皆さんからの相談に対応しています。1 人で悩まず、気軽に受診してください（表2）。

一言メモ

NIPT 検査は、限定された 3 つの胎児染色体異常を疑う非確定的検査であり、陽性時には羊水検査などでの確認を要します。

現時点では、条件を満たす女性に限定して行われています。

検査に際しては、専門外来での遺伝カウンセリングを受けることが必須です。

検査は完全予約制です

当院に通院中の方・・・
・当院ホームページで、自分が当院での NIPT 受検対象者かを確認し、産科主治医にその旨をお伝えください
・出産予定日が決定後に予約をお取りします

当院以外に通院中の方・・・
・当院ホームページで、自分が当院での NIPT 受検対象者かを確認し、主治医の先生にその旨をお伝えください
・出産予定日が決定した後、主治医の先生より当院医療福祉サポートセンターを通じて予約をお取りします

その他、出生前診断についてのご相談を希望される方・・・
・産婦人科外来までお問い合わせください

表2　NIPT 検査、または相談を希望する方へ

斜視の治療

——斜視

眼科
みはら みはる
三原 美晴 診療講師

Q 斜視とはどのような病気ですか?

A 「斜視」とは両眼の視線が違う方向を向いている状態をいいます。左右それぞれの眼で見ている像は、脳でひとつの像にまとめられます。両眼の像がまとめられることで正確な奥行きや立体感が生まれます。しかし、斜視になると両眼で見ている像が違いすぎて、両眼の像は脳でまとめられません。このとき、ものがずれたまま2つに見えてしまう症状の「複視」が現れます。

しかし、子どものときから斜視がある人は、眼がずれていても複視を感じないことがしばしばあります。それは、ずれている方の眼で見ている像が脳で抑制され、片眼だけの像を認識するようになっているからです。

斜視の原因はさまざまで、生まれつき、遠視、脳や神経の病気、甲状腺の病気、加齢、片眼の視力低下、などたくさんあります。

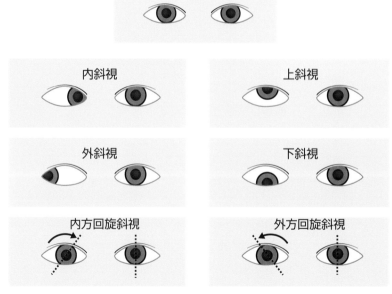

図1 眼のずれの方向による斜視の種類

Q 斜視の治療にはどのような方法がありますか?

A 生まれつきの斜視や斜視の原因を治したのに斜視が残ってしまったときは、手術で治します。手術は、眼を動かす筋の位置や長さを変え、筋のはたらきを弱めたり強めたりして眼をまっすぐにします。

手術以外には、ごく少量の薬（ボツリヌス毒素）を眼の筋に注射し、一時的に斜視を改善させる方法があります。数か月すると薬の効果がなくなり少しずつ斜視が戻ってきますので、注射を続ける必要があります。

また、複視があるときは、プリズム眼鏡を装用し斜視は残したままで複視を改善させます。遠視が原因の調節性内斜視は、遠視を矯正する眼鏡を装用すると内斜視が治ります。

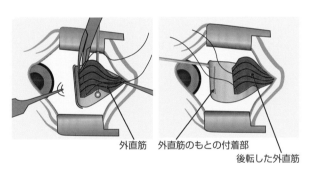

図2　斜視手術の例
眼を外側に向かせる外直筋の付着部を移動させる手術

外直筋　外直筋のもとの付着部　後転した外直筋

Q 斜視の治療は成人でもできますか?

A もちろんです。斜視は子どもだけの病気ではなく、成人になってから治療にくる人も多くいます。その人たちの多くは「まっすぐ人の顔を見られない」「ものが2つに見える」ことにずっと悩んでいたと言います。

整容的な治療は手術になりますが、ごくまれに手術をしないほうがよいケースがあるので、詳しく検査をします。また、複視に対しては手術やプリズム眼鏡での治療がありますので、それぞれの治療の特徴を知った上で、どの治療を選択するか相談をして決めます。

写真　プリズム眼鏡
右のレンズに膜プリズムを貼り付けたもの

Q 子どもの斜視は早く治療した方がよいのですか?

A 斜視のタイプによります。とくに赤ちゃんで、ずっと斜視になっている場合は、治療は早い方がいいでしょう。理由は、乳幼児のときに視力や両眼の像を脳でまとめる「両眼視」が発達するからです。片眼で見ることに脳が慣れてしまうと両眼視の発達は非常に難しいものになってしまいます。

また、斜視から重い眼の病気がまれに発見されることがあるので、まだ小さいから待とうと思わず受診しましょう。

一言メモ

斜視の原因はさまざまですが、斜視による容姿の悩み、複視や眼精疲労などの症状は治療が可能なことが多いものです。年齢に関係なく、斜視があるときは専門外来で診てもらうようにしましょう。

57 網膜剥離と黄斑疾患の手術治療

――網膜剥離・黄斑疾患

眼科
柳澤 秀一郎 （やなぎさわ しゅういちろう）　診療准教授

Q 網膜や黄斑とは何ですか?

A 網膜は眼球内壁に張り付いている神経の膜です。光を感じて、その情報を脳に伝え映像として見ることができます。網膜の中央には黄斑があり、視力や色覚を担っています。黄斑以外の網膜は視野や暗所での視力を担っています。黄斑が障害されると視力低下やゆがみ（変視症）を生じます。

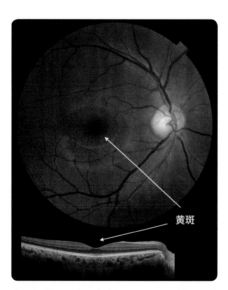

写真1　上は正常な眼底写真（中央に黄斑が位置する）。下は黄斑の断面構造

Q 硝子体手術とはどんな手術ですか?

A 硝子体は眼球内の大半を占めるゼリー状の物質です。加齢や病気によって構造が変化し、網膜の病気を引き起こすことがあります。硝子体を取り除き、網膜に処置を施すのが硝子体手術です。

最近は立体（3D）画像システムによって、高解像度でより安全な手術が可能であり、当院では2台使用しています。手術は通常局所麻酔で、白内障があれば同時に手術を行い、30〜90分程度で終わります。

Q 網膜剥離の症状や治療法を教えてください

A 硝子体が縮むと網膜が引っ張られ、その際に光が走って見えます（光視症）。さらに網膜に穴（裂孔）があくと細胞が眼内に放出されゴミが飛んで見えます（飛蚊症）。生理的な飛蚊症と異なり、数が増えたり広がったりなど自覚症状が悪化するようなら網膜剥離の可能性があります。網膜剥離が起こると視野異常が出現し、進行すると視野欠損の拡大、さらに黄斑がはがれると変視症や視力低下をきたします。若い人では網膜剥離の進行が遅いため、自覚症状が出にくい場合があります。

治療は網膜裂孔だけならレーザー（光凝固）で治療し、網膜剥離に至っていると手術になります。若

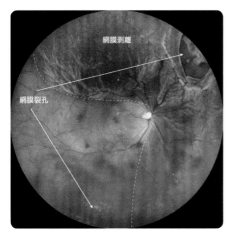

写真2　網膜剥離の眼底写真。複数の網膜裂孔と黄斑に迫る網膜剥離

い人では主に眼球壁にスポンジを縫い付ける方法が取られ、中高年では硝子体手術で治療します。硝子体手術後は眼内にガスを入れておき、うつ伏せや横向きの体勢で安静にします。

　当院では95%以上は1回の手術で治り、最終的にはほとんどの網膜剥離は復位しています。網膜剥離が治れば視野は回復し、徐々に視力も変視症も良くなります。網膜剥離では早期に手術を行うことが、より良い見え方を保つために重要です。

Q 手術によって治療できる黄斑の病気を教えてください

A 頻度（ひんど）が高いものとしては黄斑前膜（おうはんぜんまく）や黄斑円孔（おうはんえんこう）があります。いずれも加齢に伴って起こる病気です。黄斑前膜は黄斑の表面にうすい膜が張り付いた状態です。

　初期は無症状ですが、進行すると黄斑が索引され、変視症や視力低下をきたします。治療は硝子体手術によって、余分な膜を取り除きます。その際、網膜表面の内境界膜という透明な膜も同時に取り除くことで、黄斑前膜の再発を予防します。症状が軽いうちに治療をした方が、変視症や視力の改善効果がより期待できます。

　硝子体と黄斑の接着が強いと硝子体に引っ張られ黄斑の中央に穴があき（黄斑円孔）、変視症や視力低下をきたします。黄斑円孔が小さければ硝子体手

術によってほぼ100%閉鎖できます。黄斑円孔が大きい場合は網膜表面の内境界膜を裏返してかぶせることで閉鎖を促します。網膜剥離と同様に眼内にガスを入れて手術を終えますので、術後うつむきなどの体位制限が必要です。

　当院では、ほぼすべての黄斑円孔は手術によって閉鎖することができます。黄斑円孔が閉鎖すれば視力改善も期待できます。

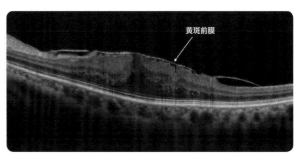

写真3　黄斑に張り付いた黄斑前膜の収縮により、黄斑が変形

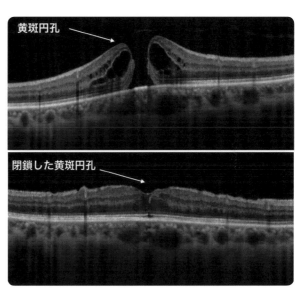

写真4　上は黄斑円孔。下は手術によって閉鎖した黄斑円孔

一言メモ

網膜剥離や黄斑の病気の多くは、硝子体の加齢性変化がかかわっています。放置すると視機能の回復に支障をきたすため、早期治療が重要です。

近年の硝子体手術は、器械や手術方法の日々の進歩によって安全で質の高い治療を提供することが可能です。

58 涙道閉塞に対する顔に傷がつかない手術治療
——涙道閉塞

耳鼻咽喉科
藤坂 実千郎（ふじさか みちろう） 診療教授

Q 涙はどのような働きをしているのですか?

涙（涙液）は目の斜め上方にある涙腺から分泌されます（図）。眼球結膜の保護作用や、目についた埃をまばたきによってワイパーのように拭き取る際の洗浄液になります。しかし涙液は多すぎると涙目に、少なすぎるとドライアイにな

り、いずれも不快な症状となります。余分な涙液はまばたきの際に、涙点（るいてん）と呼ばれる小さい穴から吸い込まれ、涙囊（るいのう）に入り、そのほとんどが吸収されます。涙囊で吸収されなかった涙液は鼻涙管（びるいかん）を通り、鼻の中に出ていきます。

悲しくて（嬉しくて）涙が溢れたときに鼻水が出ることがありますが、その鼻水の中には涙点から吸収され、鼻に排出された涙液が含まれていると考えられます。

Q 涙道閉塞はどのように起こるのでしょうか?

涙道（涙囊に吸収されなかった涙液が鼻へ抜ける通り道）（るいどう）閉塞は女性に多く、男性に比べ女性の方が涙囊・鼻涙管が細いため、涙道閉塞（へいそく）を起こしやすいことが考えられます。加齢の影響もあります。加齢とともに涙囊が吸収する涙液は減少します。涙道が閉塞すると、余分な涙液が鼻内に排出されないため、涙囊に貯留することになります。涙道が閉塞すると涙は行き場がなくなるので、逆流するしかありません。これが流涙（るいるい）（涙目）です。

貯留した涙液は流れず停滞したままですので、感染源となります。ここが細菌に感染すると、膿（うみ）が生じ、眼脂（がんし）（目やに）が発生します。さらに悪化すると、目と鼻の間が赤くなって腫れ上がる涙囊炎を起こします。

加齢とともに白内障になる患者さんがいますが、涙道閉塞があると前述のような感染を起こしやすくなりますので、白内障の治療（手術）が困難になる場合があります。

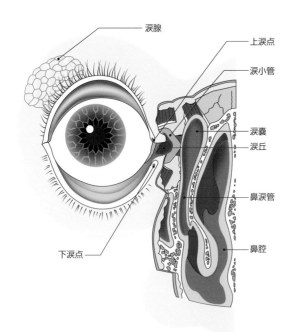

図　涙腺と涙道
涙道は涙点—涙小管—涙囊—鼻涙管といった涙の通る道です

（図中ラベル）涙腺、上涙点、涙小管、涙囊、涙丘、鼻涙管、下涙点、鼻腔

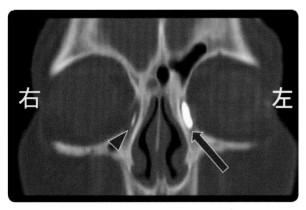

写真1　涙道造影
右（矢頭）：涙道に閉塞がなく、造影剤はうっすらと見えるのみです
左：涙道が閉塞しているため、造影剤が貯留し閉塞部位がはっきりと分かります

Q 涙道閉塞はどのような治療法がありますか？

A まず検査で涙道閉塞部位を診断します。造影剤を涙点から注入して鼻腔（びくう）に流れるのか、あるいは狭窄・閉塞しているのかが分かります（写真1）。軽度の狭窄であればプロービングといって、シリコンチューブを涙点から挿入、一定期間留置する治療法があります。

しかし、涙嚢炎を起こすような高度の涙道閉塞に対しては、閉塞部位の上方で涙道を鼻腔に開放する涙嚢鼻腔吻合術（ふんごうじゅつ）（DCR）を行います。DCRは眼科が主に行う鼻外法と、眼科・耳鼻科合同で行う鼻内法があります。

Q 新しい手術法はどんな利点がありますか？

A 涙嚢鼻腔吻合術の基本は、涙嚢粘膜を切開して広げ、その粘膜を鼻の粘膜に縫合するものです。これまで、涙嚢鼻腔吻合術は鼻外法が主流でした。それは顔から切開するため術野が広く、涙嚢と鼻腔粘膜の縫合が確実に行えたからです。鼻内法も古くから行われていますが、手術操作は狭い鼻腔の中で行うため、鼻外法のように粘膜の縫合

は行えず、開いた涙嚢粘膜の上に鼻腔粘膜を重ねるような形で涙道を鼻腔に開放してきました。そのため、開いた涙嚢粘膜が元の位置に戻って閉塞する例があり、鼻外法に比べて、手術の成功率はわずかに低下する傾向にありました。

そこで当科は眼科と共同で、鼻内から粘膜を縫合する手術法を新たに開発しました（写真2）。その成果は英文誌（Acta Otolaryngol.2015 Feb;135(2):162-8）にも掲載されています。鼻内法の最大の利点は、鼻外法で行う顔面の切開創（せっかいそう）がないことです。また手術の成功率も98%と、過去の他施設の報告と比較しても劣ることのない結果です。

涙目でお困りの方はぜひ眼科を受診していただき、涙道閉塞があるようでしたら、成功率も高く顔面皮膚切開の必要ない当院での新しい手術を考えてみてください。

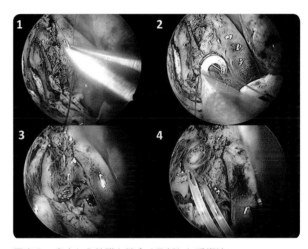

写真2　鼻内から粘膜を縫合する新たな手術法
1. 切開し展開した涙嚢粘膜と鼻腔粘膜に針糸を通しています
2. ノットプッシャーという特殊な機器で縫合しています
3. 縫合終了し、涙嚢が鼻腔内に広く展開されました
4. シリコンチューブが涙点から涙小管を通り、鼻腔に出ています

一言メモ

1. 涙目の方、目やにの多い方、涙道（鼻涙管）閉塞の可能性があります。治せる病気ですので、まずは眼科を受診してください。

2. 涙道閉塞があると、白内障の手術が受けられないことがあります。早めに治療を受けましょう。

3. 皮膚切開を必要としない、成功率の高い新しい涙嚢鼻腔吻合術鼻内法がお勧めです。

59 頭頸部がんの治療

——頭頸部がん

耳鼻咽喉科
松浦 一登 診療指導医
（まつうら かず と）
（国立がん研究センター東病院 頭頸部外科・科長）

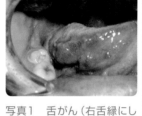

写真1　舌がん（右舌縁にしこりと潰瘍が生じています）

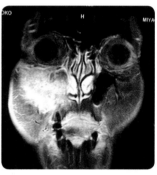

写真3　上顎がん（右上顎洞を占拠する腫瘍が認められます）

Q 頭頸部がんとは、どんながんですか？

頭頸部とは、脳と眼球を除いた首から上の（とうけいぶ）すべての領域を意味します（図1）。この領域には、飲むこと、食べること、息をすることといった生きるために必要不可欠な機能と、話すことや聴覚・味覚・嗅覚などの感覚、顔かたちなどの生活の質にかかわる機能が併せて存在しています。こうした部位に生じるがんを、頭頸部がんと呼びます。

頭頸部がんというのは総称で、口唇・口腔がん（舌（こうしん　こうくう）がもこの中に含まれます）、咽頭がん、喉頭がん、（いんとう）　　（こうとう）鼻・副鼻腔がん、唾液腺がん、および甲状腺がんに（ふくびくう）　　（だえきせん）　　　　　　（こうじょうせん）分かれています（図2）。

また、耳や頭蓋底のが（とうがいてい）ん、首の位置にある食道がんなどもあります。頭頸部がんは、日本人のすべてのがんの4%程度を占めていますが、飲酒、喫煙、ヒトパピローマウイルスなどがその発生に深く関与しており、近年増加傾向にあり

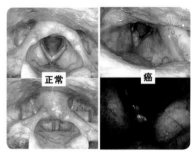

写真2　喉頭がん（右声帯に腫瘍が認められます）

正常　　癌

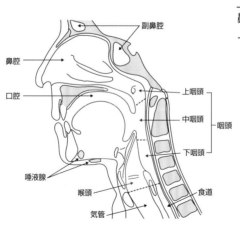

図1　頭頸部の名称

副鼻腔
鼻腔
口腔
上咽頭
中咽頭　咽頭
下咽頭
唾液腺
喉頭
気管
食道

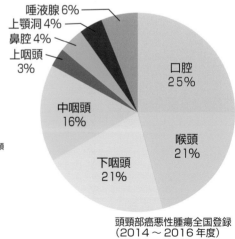

唾液腺 6%
上顎洞 4%
鼻腔 4%
上咽頭 3%
口腔 25%
中咽頭 16%
下咽頭 21%
喉頭 21%

頭頸部癌悪性腫瘍全国登録（2014～2016年度）

図2　頭頸部がんの内訳

ます（図2）。

　頭頸部領域にがんができると、部位ごとにさまざまな症状が現れてきます。口腔がんでは、なかなか治らない潰瘍（口内炎と間違えられることがあります、写真1）やしこり、痛みなどがあり、咽頭がんでは嚥下時痛や血痰がみられます。喉頭がん（写真2）では声枯れ（嗄声）が一番多い症状であり、鼻・副鼻腔がん（写真3）では繰り返す鼻血や頬の腫れ、鼻詰まりなどが認められます。また、首の腫れ（リンパ節転移）でがんが発見されることも珍しくありません。こうした症状が続くときは、ぜひ耳鼻咽喉科や頭頸部外科を受診してください。

Q 頭頸部がんには、どんな治療を行いますか？

　がん治療では、生命予後（生命維持の見通し）の向上が最も重要ですが、機能の温存（摂食・嚥下、呼吸・構語など）も大切であり、これらの両立を高いレベルで行うことが必要です。

　治療手段として、手術療法・放射線療法・化学療法（抗がん剤治療）があり、これらを組み合わせて最適な治療を計画します。最近では、遺伝子解析から次々と新たな薬が開発され、免疫療法が第4の柱として開発されてきました。そのため、頭頸部がん治療はそれぞれの専門家が力を合わせてチーム医療を行うことが求められます。

　私たち耳鼻咽喉科・頭頸部外科医のみならず、放射線科医、腫瘍内科医、消化器内科医、皮膚科医、歯科医、看護師、薬剤師、臨床検査技師、言語聴覚士、管理栄養士など多職種がかかわっています。こうしたメンバーを組めるのは大学病院ならではの強みといえます。私たち耳鼻咽喉科・頭頸部外科医は頭頸部領域の専門家としてさまざまな機能に精通しており、この領域のがんを適切な方法を用いて治すために、チームの中心となって治療を行っています。

Q 国内のがん専門施設との連携はありますか？

　富山大学耳鼻咽喉科は専攻医の専門研修プログラムにおいて、宮城県立がんセンター頭頸部外科と提携を結んでいます。当施設は治療のみならず、併設されている研究所での頭頸部がん研究も盛んに行われており、東北大学の大学院講座（頭頸部腫瘍学講座）も兼ねています。

　一方で、国内の頭頸部がん治療のメッカとされる国立がん研究センター東病院頭頸部外科とも交流を有しています。機能温存治療を得意としており、喉頭がんにおける喉頭部分切除や口腔・咽頭がんに対する喉頭温存手術などを積極的に行っています。紹介により東病院での治療が受けられるのみならず、症例によっては松浦（科長）が診療支援に訪れています。

宮城県立がんセンター

国立がん研究センター東病院

写真4　国立がん研究センター東病院と宮城県立がんセンター

一言メモ

- 頭頸部がんは、日本人の全がんの4%程度を占めています。
- 飲酒、喫煙、ヒトパピローマウイルスなどがその発生に深く関与しており、近年増加傾向にあります。
- 生命予後の向上と機能の温存の両立を、高いレベルで行うことが必要です。
- 耳鼻咽喉科・頭頸部外科医は多職種チームの中心となって治療を行っています。

60 乳房再建に新たな道

——培養脂肪幹細胞を用いた再生医療

形成再建外科・美容外科
佐武 利彦 （さたけ としひこ） 特命教授

Q 乳房再建の選択肢 ——その方法は？

乳がん術後の乳房再建は、乳房インプラント（人工物）を用いる方法と、患者さん自身の皮膚や皮下脂肪を、血管をつないで移植する皮弁法（自家組織）に大別され、現在、両方とも治療には保険が適用されます。乳房インプラント再建は、手術時間が短く、乳房以外に傷痕が残らない

ことが利点ですが、BIA-ALCL（乳房インプラント関連・未分化大細胞型リンパ腫（しゅ））により、国内ではこれまで用いられてきたものが2019年7月から使用できなくなり、人工物選択の幅は狭くなりました。皮弁法は、1回の手術で自然な形と大きさの乳房ができることが最大の利点ですが、手術時間が平均8時間と長く、皮弁を採取する部位に別の傷痕が残ること、血流障害のリスクがあります。

私たちは、目立つ傷痕を残さず手術時間も短く、体の負担が少ない脂肪注入による乳房再建を2012年から開始しました。また近年では再生医療の技術も、この分野に応用しています。脂肪注入法による乳房再建について詳しく解説します。

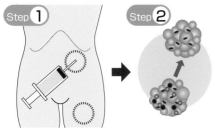

Step ①	Step ②
皮下脂肪の多い部位から脂肪を採取	採取した脂肪を精製

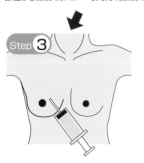

Step ③
精製した脂肪を胸部に注入

メリット
● 傷あとが少なく入院も不要。
● 再建後の胸の手触りが自然。
● 乳房の再建と痩身効果を同時に得られる。

デメリット
● 保険がきかず自費診療。
● 手術に向いていない患者さんもいる。
● 術後に肩の運動制限が必要。

向いている方
● 脂肪を採ることができる部位がいくつか存在する。
● 乳がん手術後、乳房に十分な量の柔らかい皮膚が残され、皮下脂肪も十分残っている。
● 乳頭、乳輪が残っている。
● 乳房の皮膚にゆとりがある。

向いていない方
● 乳がんの手術で、乳房の皮膚、乳輪、皮下脂肪が大きく切除されている。
● 乳房に残された皮膚が非常に薄い、または放射線治療によってダメージを受けている。
● やせ型で、採取できる皮下脂肪の量が少ない。
● 両側乳がん（皮下脂肪の確保が難しい）。
● 喫煙者（血行が悪く、脂肪が根付きにくい）。

図1　脂肪注入の方法とメリット・デメリット

	純脂肪	コンデンスリッチ脂肪（CRF）	脂肪幹細胞付加脂肪	培養脂肪幹細胞付加脂肪
どんな脂肪か？	採取した脂肪から、脂肪以外の不純物（水分や血液等）を排除したもの。	不純物だけでなく老化した脂肪細胞も除去した脂肪。純脂肪に比べて、幹細胞密度が濃い。	脂肪から幹細胞を抽出し、これを純脂肪に加えたもの。純脂肪に比べて、幹細胞の数が多い。	脂肪から幹細胞を抽出し、これを純脂肪に加えたもの。純脂肪に比べて、幹細胞の数が多い。
どんな人が適応か？	●乳房の皮膚・皮下脂肪が比較的温存されている方	●純脂肪よりも脂肪の生着を高めたい方 ●脂肪が潤沢にある方	●脂肪生着率をより高めたい方 ●脂肪がかなり潤沢にある方	●脂肪生着率をより高めたい方 ●痩せていて脂肪量の少ない方
手術時間	1.5〜2時間	2〜2.5時間	4〜5時間	1.5〜2時間
脂肪生着率	30〜40%	40〜50%	50〜70%	50〜70%

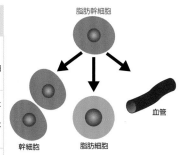

※脂肪注入で用いる脂肪は、現在4種類あります。これらの主な違いは、含まれる幹細胞の量です。幹細胞を多く含むほど生着率が高くなると考えられます。
※費用は状態によって異なりますので、各担当医にお尋ねください。

図2 脂肪注入で用いる脂肪の種類

脂肪注入による乳房再建とは？

 手術は全身麻酔になりますが、片側の再建であれば2時間ほどで終わり、日帰り手術も可能で、体への負担も少ないです（図1）。乳房の小さい患者さんの場合、6か月ごとに通常2〜3回手術を繰り返して、再建が完了します。手術に向くのは、乳がん手術の際に、乳房の皮膚や皮下脂肪、乳頭乳輪が残されており、同時に脂肪を採取するためにお腹や太ももに脂肪がある患者さんです。脂肪を吸引して採取するため、採る部分を細くできる利点もあります。

実際の手術では、まず患者さんのお腹や太ももから、3mmの太さの管で脂肪を吸引します。次に吸引した内容液から不純物を遠心分離により精製します。最後に脂肪を注射器に充填して1.6mmの管で、乳がん術後の部位に細かく幾層にもわけて、脂肪を注入します。

これが純脂肪注入ですが、ほかに老化脂肪を除去して細胞密度を上げるように、精製法を改良したコンデンスリッチ脂肪注入という方法も選択できます（図2）。

術前後の乳房のケアとして、自宅で乳房の外側に拡張器を装着して、乳房の皮膚を柔らかく伸展し血流を増やすようにして、治療効果を高めています。また術後3週間は、再建側の肩関節の運動を制限し、脂肪を採った部分も圧迫を継続します。

再生医療技術を用いた脂肪注入による乳房再建とは？

痩せた患者さんで脂肪が少ない患者さん、放射線照射を受けた患者さん、両側の乳がん患者さんでは、通常、脂肪注入による乳房再建が難しいです。このような患者さんのために、再生医療の技術で増やした脂肪幹細胞を、近年患者さんの治療に利用できるようになりました。

具体的には、あらかじめ患者さんから20mlほどの脂肪を吸引して、これを元にして脂肪幹細胞のみを培養により大量に増やします。この幹細胞には、血管を増やし、新しい脂肪細胞や脂肪幹細胞を作りだす働きがあります。培養で増やした脂肪幹細胞を、患者さんから採った新鮮な脂肪に混ぜ合わせて移植することで、移植脂肪の生着率向上が望めるようになりました。培養した幹細胞は凍結保存することもできるため、後日に繰り返す治療に最適です。

一方、太った患者さんではたくさん脂肪吸引することができますので、培養しなくても吸引脂肪から脂肪幹細胞を入手することができます。痩身効果も期待できます。これも再生医療に該当します。このように患者さんの乳房や体の脂肪の状況により、脂肪注入法を選択することができますが、再生医療は法律に基づき、厚生労働大臣に提供計画を提出、受理されている施設でのみ施行が許可されます。当院は国内でも数少ない認定施設になっています。

61 手術後の痛みと その治療方法

——術後の痛み

麻酔科（痛みセンター）

山崎 光章 教授
やまざき みつあき

Q どうして手術をした後に痛みが生じるのですか？

A 手術は、けがと同じように私たちの体を構成している皮膚、筋肉、内臓や神経などを損傷し、これらの組織の細胞を破壊します。破壊された細胞から、炎症を引き起こす化学物質やサイトカインなどの痛み誘発物質が放出されます。さらに、手術部位周辺の血液循環が悪くなることも重なり、周囲の細胞からは痛みを誘発するいろいろな物質が次々に放出されるようになります。

これらの物質は、末梢神経にある痛みの受容体を刺激し、その結果、受容体から発生する電気的な信号が脊髄から脳へと伝わり、脳で痛みを感じるようになります。

また、手術によって、末梢神経そのものが損傷を受けると、神経自体が痛みに過敏な状態となり、さらに痛みを強く感じるようになります。全身麻酔中は、麻酔薬の効果によって痛み神経の活動が強く抑制され、全く痛みを感じることはありません。しかし、手術が終了して麻酔薬の効果が切れてくると、痛みを感じるようになります。

Q 痛みを軽快する方法はありますか？

A あります。術後の痛みをとるために、鎮痛薬投与や神経ブロックによる方法があります。

鎮痛薬として、①炎症反応を抑制する非ステロイド性抗炎症薬、②脳に作用して鎮痛効果を発揮するアセトアミノフェン、③医療用麻薬であるフェンタニル（適切に使用するので依存症などの心配はありません）をよく用います。これらを水とともに飲んだり、坐薬として用いたりすることもありますが、持続的に点滴を介して静脈へ投与することが一般的です。特に、手術後に痛みが出たときに患者さん自身でフェンタニルを投与する患者管理鎮痛法 Patient Controlled Analgesia（PCA）をよく用います(写真1)。この器具を使用して、患者さん自ら、痛みが生じたときに鎮痛薬を投与します。

神経ブロックとして、硬膜外神経ブロック（写真2）
こうまくがい

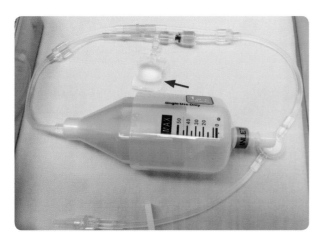

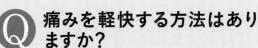

写真1　鎮痛薬が一定速度で流れるのに加え、←（赤）部分を押すと鎮痛薬が追加投与されます

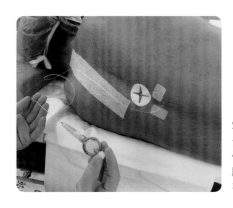

写真2　カテーテルを通して、体の中の硬膜外腔へ局所麻酔薬を注入します

や何種類かの末梢神経ブロックを行います。これらは、痛みを感じるもととなる神経に細いブロック針を近づけて（麻酔薬を使うので痛みはありません）、そこから局所麻酔薬を投与する方法です。

　局所麻酔薬は、末梢神経にある痛みの受容体から脳へ伝わる電気的な信号を遮断し、痛みの信号を脳へ送らないようにします。また、手術後も神経ブロックを継続的に行うために痛みを感じる神経の近くに細いチューブを留置し、局所麻酔薬を持続的に投与する方法を用います。手術によって損傷した部位の痛みを感じる神経が末梢神経ブロックの対象となり、腕神経叢ブロック（写真３）、坐骨神経ブロック、大腿神経ブロックや腹横筋膜面ブロックなどがあります。

　麻酔科医は、手術の種類や患者さんの状態によってどの鎮痛方法が適しているのか、またこれらの方法を、どのように組み合わせて鎮痛を行うのが最も適しているのかを判断して、手術の麻酔に臨みます。私たちは、患者さんが手術後に痛みで眠れないことがないように、また少なくとも安静にしているときには痛みをほとんど感じないように、鎮痛に努めます。

Ｑ　手術をして３か月経っても痛みが続いています。どうしたらいいですか？

Ａ　多くの場合、手術後の痛みは軽快し、最終的には感じないようになります。しかし、手術を受けた患者さんの約３分の１に、手術後２週間以降にも持続する痛みが生じると報告されていま

す。この痛みの原因は十分に明らかになっていませんが、炎症による急性の痛みから慢性の痛みへとその性質が変化していると考えられています。

　痛みも、手術直後の痛みとは違い、焼きごてをあてられたような、しびれるような、電気が走るような痛みと表現されます。この痛みに対して決定的な治療方法はありませんが、できるだけ手術後早期から慢性の痛みへ移行しないように、神経ブロックを行い、鎮痛薬を投与すると効果があります。ここで用いられる鎮痛薬は、慢性の痛みに用いる抗けいれん薬や抗うつ薬（慢性痛に対しても効果がある）などです。

　これらの痛みがある場合には治療などの相談に応じています。なお、当科の外来は、予約制（紹介状が必要）です。

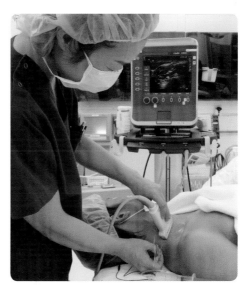

写真３　超音波エコー装置を用いて、神経の場所を確認しながら腕神経叢ブロックをしています

一言メモ

1. 手術後の痛みに対して、鎮痛薬投与や神経ブロックを行います。

2. 患者さん自身で鎮痛薬を投与する患者管理鎮痛法もあります。

3. 麻酔科医は、患者さんに最も適切な鎮痛方法を考えて手術の麻酔に臨みます。

4. 手術後１～３か月が経過しても痛みが続く場合は、急性から慢性の痛みへと変化している可能性が高いです。

62 口腔機能（話す、食べる、飲み込む）障害の回復（ハビリテーション・リハビリテーション）
──構音障害、摂食・嚥下障害

歯科口腔外科（顎口腔外科・特殊歯科）

ふじわら　く　み　こ
藤原 久美子 診療准教授

Q 話す、食べる、飲み込む障害にはどのようなものがありますか?

A 口（くち）には、話をしたり食べ物を食べる、といった日常的に大切な役割があり、それらをまとめて口腔機能といいます。口腔機能がうまく働かない状態、例えば、ミルクがうまく飲めない（哺乳障害）、ことばが上手に話せない（構音障害）、食べにくい・飲み込みにくい（咀嚼・嚥下障害）といった症状は、口腔機能障害といいます。先天的に舌の動きが悪い（舌小帯縮小症）場合や、のどの筋肉に問題がある（口蓋裂）場合には、経過をみながら外科的手術を行い、成長とともに離乳食指導や言語訓練を行います。

これらの治療は、新たな機能を獲得するという意味で"ハビリテーション"と呼ばれます。また、口の中にがんなどの病気がある場合は、舌やあごの骨を広範囲に切除する必要があり、治療後には構音障害や咀嚼・嚥下障害を生じてしまいます。そこで機能を回復するための"リハビリテーション"として、金属プレートや自分の体の中から採取した骨を用いた顎（あご）の再建術や入れ歯の作成を行い、その後、話す訓練や食べる練習を行います。

Q 構音障害の検査や治療にはどんなものがありますか?

A どのようなことばがうまく話せないのか、口の中のどの部分に障害があるかを言語聴覚士（ST）が中心となって診査します。

ことばを直接聞いて聴覚的に判定するだけでなく、ナゾメーター（写真1）やファイバースコープなどの器械を使用して、障害の程度や部位を客観的に診断することができます。そこで動きの悪い部分を特定し、重点的に運動訓練を行ったり、動きを補う装置（発音補助装置など）を装着してことばの練習を行います。このような装置は、専門的な知識を持った歯科医師が作成し調整をします。子どもの場合には発達検査を行い、身体的・精神的発達に応じた訓練を遊びの中で行えるよう保護者に指導します。

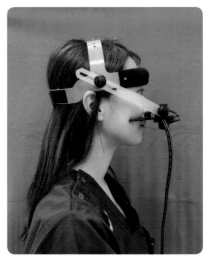

写真1　ナゾメーター検査:ことばを話したときの呼気鼻漏出（空気の鼻漏れの量）を測定します

Q 咀嚼・嚥下障害の検査や治療にはどのようなものがありますか?

A 小さいお子さんの咀嚼・嚥下障害では、実際に使っているスプーンや離乳食を持参してもらい食べるところを観察します。離乳食は月齢で選ぶことが多いですが、口腔機能の発達にあわせたものを与える必要があり、スプーンの形や口へ入れる角度でも食べ方が改善するので、実際の指導が重要となります。

成人以降の咀嚼・嚥下障害は、加齢による筋力低下だけでなく、長い手術や入院などの大きな病気の後でも食べる力が弱くなることがあります。また脳梗塞（のうこうそく）などの後遺症で口腔機能全体に障害が生じることがあり、各科と連携して病状をみながら対応します。検査としては、VF（透視造影検査、写真2）、咀嚼機能検査（写真3）、舌圧検査（写真4）などを行います。入れ歯の作成など歯の治療を行ったのち、飲み込みやすい姿勢や食事の形態を調整しながら指導を行います。

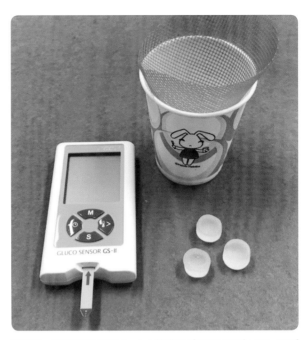

写真3　咀嚼機能検査キット：特殊なグミをかみ砕いて、咀嚼能力（かみ砕く力）を測定します

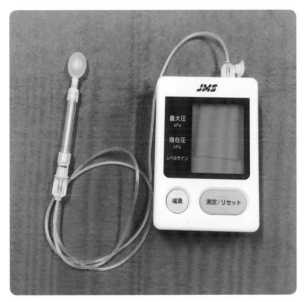

写真4　舌圧計：舌の筋力を測定します

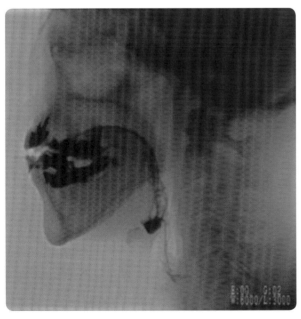

写真2　嚥下造影検査：造影剤を飲み込むときの舌やのど、食道の動きを観察します。また誤嚥がないかを診断することができます

一言メモ

話す、食べる、飲み込む障害に対し「口腔機能発達不全症」「口腔機能低下症」といった病名が新設され、これらを検査する機材も開発されました。乳児期から老齢期まで、口に関する障害はさまざまです。気になることがあれば歯科医師に相談するのがよいでしょう。

63 機能温存を重視した口腔がん治療
──口腔がん

歯科口腔外科（顎口腔外科・特殊歯科）
冨原 圭 准教授
とみはら けい

口の中のがん（口腔がん）とは?

口の中を専門的な用語で口腔と呼び、口腔にある舌、頬、口蓋や歯肉などは、すべて重層扁平上皮という粘膜で覆われています。口腔がんの多くが、この粘膜から発生する「扁平上皮がん」であり、部位としては、舌にもっとも多く、次いで歯肉や頬粘膜などに多く発生します。

口腔がんは、初期の段階ではあまり自覚症状はありません。進行すると潰瘍ができ出血する場合や、硬いしこりとなり痛みを伴います。さらに進行すると、顎の下や首のリンパ節、さらには肺や肝臓などに転移することもあります。

口腔がんが発生する原因としては「アルコール」「たばこ」「適合の悪い義歯や虫歯による口腔粘膜への慢性的な刺激」などが危険因子とされ、近年、口腔がんの発症は増加傾向にあります。

口腔がん治療の問題点とは?

 口腔の機能は、食べ物を噛んだり飲み込んだり、話したりといった私たちの生活

においてきわめて重要な役割を果たしています。

食べ物を上下の歯やあごの骨（顎骨）でかみ砕く機能を咀嚼機能といい、それらを喉の奥へと運ぶ機能を摂食・嚥下機能といいます。また、言葉を発する機能である構音も口腔の重要な機能の1つです。

口腔がん治療においては、これらの「口腔機能をできるだけ損なわないよう工夫」することが重要です。初期のがんの場合、大きな機能障害を残すことはほとんどありませんが、進行したがんでは、舌や顎骨などを大きく切除しなければならないことが多く、その場合、口腔機能は大きく損なわれ、体のほかの部分の筋肉や骨などを移植する「再建手術」が必要となります。

機能温存のための治療とは?

当院では、「動注化学療法」という治療を積極的に取り入れています。この治療法は、口腔がんに栄養を供給している血管にカテーテルを挿入し、抗がん剤をがんに直接流し込む方法で、がんに対する直接的な効果がこれまでの化学療法よりも優れているのが特徴です。なかには、手術せずに治癒するものもあります。

口腔がんの診断では、病理組織検査による「組織診断」が重要です。同じ口腔がんでも組織の悪性度（悪さの程度）が高いものや低いものがあり、悪性度が低〜中等度のがんは、術前の動注化学療法に対する効果が高く、手術の回避や縮小手術による口腔の機能温存が可能となる場合があります（写真1、

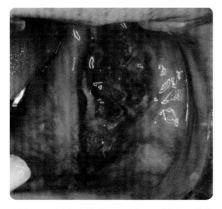

写真1　歯肉に発生したがんに対する動注化学療法（青色の部分は抗がん剤が流入する領域）

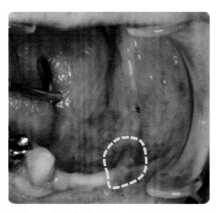

写真2　動注化学療法の効果が高く、縮小手術が可能となりました（点線の内部にがんが残存）

写真3　縮小手術で治癒した後の口腔内

2、3）。このように、組織診断は、治療効果の予測にとっても有用です。

　口腔がんは、見た目が多様なため、口内炎などの他の病気と区別がつきにくい場合があります。「なかなか治らない」と思っていた口内炎が、実はがんであったりする場合も珍しくありません。初期の口腔がんであれば、ほぼ100％治癒が期待できます。

　当院における進行がんを含めた口腔がんの病期（進行度）別の5年生存率はⅠ期95.8％、Ⅱ期89.9％、Ⅲ期73.1％、Ⅳ期67.3％で、いずれも全国集計を上回っています。また最近では、再発や転移をした進行がんに対して、がん細胞を狙い撃ちにする分子標的薬や、免疫治療薬が一部で保険適用となり、効果的な場合があります（写真4、5）。

　口腔内は特別に診断機器を使用せずに診察が可能であり、口内炎や歯肉炎がなかなか治らないなど気になる症状があれば、ぜひ受診してください。

一言メモ

- 口の中を専門用語で「口腔（こうくう）」と呼び、そこにできるがんが「口腔がん」です。

- 日本では、人口の高齢化とともに、その罹患数や死亡数は増加傾向です。県内では、一部の自治体で「口腔がん検診」が始まりました。

- 全国的にも、口腔がんを啓発する活動は広がりを見せています。

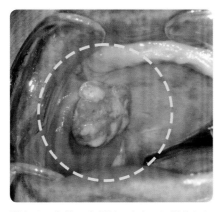

写真4　点線の内部は、上あごに発生したがん

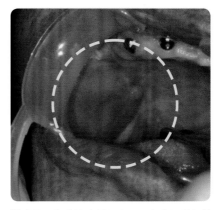

写真5　免疫治療薬によって完全にがんが消失

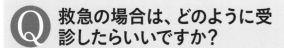

64 救命と後遺症のない回復を目指す救急医療
——救急医療

災害・救命センター
若杉 雅浩 （わかすぎ まさひろ） 診療教授

Q 救急の場合は、どのように受診したらいいですか？

A 急に具合が悪くなった場合は、まずはかかりつけ医あるいは「とやま医療情報ガイド」などを参考にして各地域の急患センターなどに相談してください。また、とても具合が悪く緊急と感じた場合は、119番（消防）に連絡してください。患者さんの状態に応じて適切な診療施設を紹介し、搬送されるシステムになっています。

当センターは、特定機能病院として救急医療に関しても高度な専門的医療を提供することを目的に設立しました。救急科専門医を中心とした専属スタッフにより、救急外来の初期対応から救命・集中治療管理まで、一貫した救急診療に取り組んでいます。

心肺停止、多発外傷、全身熱傷、急性中毒、重症感染症などにより生命が危機的状況にある患者さんや、急性心・血管疾患、脳卒中、四肢（しし）切断などの専門的治療を必要とする患者さんを中心に、救急車およびヘリコプターでの搬送や、ほかの医療機関から

写真　当院の救急用ヘリポートは、富山県ドクターヘリ、富山県消防防災ヘリ、富山県警航空隊のヘリにも対応した最新設備となっています

の紹介受診を中心に、24時間365日救急対応しています。

当院に継続して定期通院中の患者さんの急な容態変化にも常時対応していますが、急変などではない場合の時間外受診希望については、前述の重篤な患者さんへの対応を優先するため、かかりつけ医あるいは当番医療機関での初期対応をお願いすることがあります。

とやま医療情報ガイド
https://www.qq.pref.toyama.jp/qq16/qqport/kenmintop/

救急車で運ばれると、すぐに診てもらえるのですか？

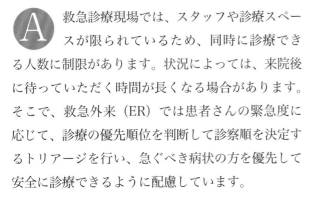

救急診療現場では、スタッフや診療スペースが限られているため、同時に診療できる人数に制限があります。状況によっては、来院後に待っていただく時間が長くなる場合があります。そこで、救急外来（ER）では患者さんの緊急度に応じて、診療の優先順位を判断して診察順を決定するトリアージを行い、急ぐべき病状の方を優先して安全に診療できるように配慮しています。

来院時に救急専門医や専門教育を受けた看護師（トリアージナース）が病状を聞き、緊急で処置が必要と判断した場合には、受付の順に関係なくすぐに処置を開始することで、適切な医療を提供できるよう配慮しています。ご自身での来院、救急車での来院、どちらの場合でも診療まで時間をいただくことがありますが、常に患者さんの病状に配慮して診療しますのでご理解ください。

10年程前より、全国的に救急外来の過剰な混雑が問題となっており、より安全に救急医療を提供するため、トリアージが重要視されるようになってきました。富山大学救急災害医学講座では、以前よりこの問題に着目して、カナダ救急医学会との共同研究に取り組んできました。その成果として、2010年には日本救急医学会、日本救急看護学会および日本臨床救急医学会の監修により、『緊急度判定支援システム（JTAS）』が刊行され、当院のERでも、

救急外来でのトリアージナースによるJTAS運用を開始しました。私たちは、JTASの教育・普及にも取り組んでおり、JTASは救急外来における標準的なトリアージ手法として、富山県内の主要救急医療施設をはじめ、国内の多くの医療施設で使用されています。

救急車は、緊急で対処が必要な方に、必要な処置を行いながら迅速に搬送するための重要な公共資源であり、台数も限られています。病状の経過が数日続くような急を要さない場合は、事前に病院に電話連絡の上で、また体に問題があって通院が困難な方は、介護タクシーなどを利用して来院いただくようお願いします。

富山大学でしかできない緊急治療はありますか？

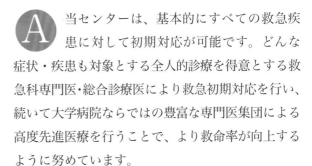

当センターは、基本的にすべての救急疾患に対して初期対応が可能です。どんな症状・疾患も対象とする全人的診療を得意とする救急科専門医・総合診療医により救急初期対応を行い、続いて大学病院ならではの豊富な専門医集団による高度先進医療を行うことで、より救命率が向上するように努めています。

また、当センターには急性一酸化炭素中毒や潜水病の治療に用いる、高気圧酸素治療装置があります。この装置を24時間体制で救急運用している施設は全国的に多くありません。特殊な事故に対しても、救命と後遺症のない回復を目指し、救急専門医が24時間体制で対応しています。

一言メモ

災害・救命センターでは救急科専門医がすべての救急疾患に迅速に対応します。

来院順ではなく、病状に応じてトリアージし安全に治療できるよう配慮しています。

高気圧酸素治療ほか、高度で特殊な救急診療でも万全の対応をします。

65 広がるリハビリテーション診療の役割
——リハビリテーション

リハビリテーション科
はっとり のりあき
服部 憲明 特命教授

Q リハビリテーションとは何ですか?

病気やけがにより、身体的機能や精神的機能が低下したとき、これらを回復させるのが医療としてのリハビリテーションです。これまでは、「障害」に注目し、その克服ということが強調されてきましたが、最近は、これをさらに発展させて、ヒトの営みの基本である「活動」に注目し、日常の活動、家庭での活動、社会での活動を再び取り戻すことを目指すようになっています（図1）。そのためには、障害そのものに対する治療だけでなく、患者さんが持っている能力をさらに高めたり、装具や器具などを利用したり、住宅改修などで環境を改善するなど、さまざまなアプローチを組み合わせて取り組みます。

リハビリテーション診療は、患者さんや家族を中心として、主治医、リハビリテーション科医、理学療法士（PT）、作業療法士（OT）、言語聴覚士（ST）、義肢装具士、看護師、管理栄養士、薬剤師、社会福祉士／医療ソーシャルワーカー、介護支援専門員／ケアマネジャー、介護福祉士、歯科医などが、チームとなって進めていきます（図2）。

リハビリテーションは、薬の内服や手術と違い、患者さんが主体的に取り組むことで、その効果が発揮されます。したがって私たちは、患者さんに、安全に、楽しく、しっかりとリハビリテーションに取り組んでいただけるように努めています。

日常での活動
すわる、立つ、歩く、階段の昇り降り、話す、服を着る、食事をする、歯磨き、整髪…

家庭での活動
掃除、洗濯、料理、買い物、服薬管理、家計の管理、電話をかける…

社会での活動
学校生活、就業、地域での活動、スポーツ…

図1　私たちのさまざまな「活動」

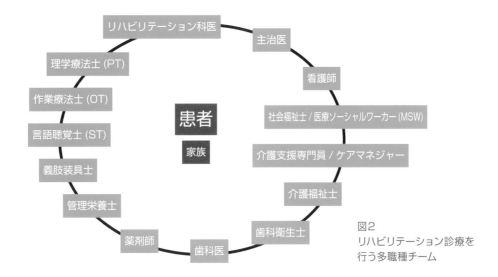

図2
リハビリテーション診療を
行う多職種チーム

（図内ラベル）
リハビリテーション科医
主治医
理学療法士 (PT)
看護師
作業療法士 (OT)
社会福祉士 / 医療ソーシャルワーカー (MSW)
言語聴覚士 (ST)
介護支援専門員 / ケアマネジャー
義肢装具士
介護福祉士
管理栄養士
歯科衛生士
薬剤師
歯科医
患者
家族

Q どんな患者さんがリハビリテーションをうけますか？

A 活動が低下する病気やけがの患者さんが、リハビリテーション診療の対象になります。したがって、骨折、リウマチ、関節の加齢による変性などの整形外科疾患、脳卒中、パーキンソン病などの脳神経疾患、小児疾患、心不全などの循環器疾患、慢性閉塞性肺疾患（まんせいへいそくせいはいしっかん）などの呼吸器疾患、糖尿病、肥満症、がん、さまざまなけがなど、非常に多岐におよびます。もちろん、活動が低下する原因は、病気やけがの種類によって異なりますので、主治医とリハビリテーション科医、療法士が連絡をとりあい、患者さんごとに適した治療を行います。

Q いつからリハビリテーションを始めるといいのですか？

A かつては、例えば脳卒中で麻痺（まひ）になると、しばらく安静にして症状が落ち着いてから、本格的にリハビリテーションを始めることが多かったです。また、病気で体力が消耗していたり、大きな手術の後であれば、十分に体を休めて、気力、体力が戻ってから、リハビリテーションを始めたほうがよいと一般的に考えられていました。しかし、最近の研究で、脳卒中であれば、できるだけ早い時期からリハビリテーション治療を開始することが、機能回復によい影響をもたらすことが分かってきました。

また、安静は、体力を養うのに大事な療養のステップと考えられていましたが、安静にしていること自体が、体にさまざまな良くない影響を与え、回復を遅らせることが分かってきました。したがって、重い病気や手術などの後で、ゆっくりと安静に過ごしたいと思っておられる状態でも、過度の安静は禁物です。主治医の先生の了解が得られれば、少しずつでも構いませんので、リハビリテーション治療を始める方がよいのです。

参考文献：『リハビリテーション医学・医療 コアテキスト』医学書院

一言メモ

リハビリテーションの語源

リハビリテーション rehabilitation という言葉は、re（再び）＋ habilis（適した）＋ action（すること）からきています。歴史的には、ヨーロッパでの教会から破門された人の復権、あるいは、名誉の回復など、さまざまな意味で用いられてきました。医療の分野で用いられるようになったのは、第一次世界大戦後の戦傷者の社会復帰などが最初とされています。その後、リハビリテーション医学の概念は広がり、現在では、病気やけがで低下した、ヒトの営みの基本である「活動」をもう一度高めるために、多くの専門職が取り組む医療を意味するとされます。

すべては安心できる手術を提供するために

手術部
釈永 清志（しゃくなが きよし）副部長

手術部とは？

手術部では、手術が安全にかつ円滑に遂行できるように、外科医や麻酔科医、看護師はもちろんですが、臨床工学技士や臨床検査技師、診療放射線技師、薬剤師など、手術とその前後の診療にかかわるすべての医療スタッフが、お互いの職務を理解し、その役割分担を明確にしてチーム医療を行っています。

執刀医は、高い技術とやさしい心で患者さんと向き合い、麻酔科医は、患者さんの全身管理と痛みのコントロールに気を配り、看護師は、患者さんの心の看護や手術介助を担当し、チームとして安全な手術の提供を目指しています。

ハイブリッド手術室と支援ロボット

ハイブリッド手術室とは、手術台と心・脳血管X線撮影装置を組み合わせた手術室のことで、X線透視・撮影を行いながら、すぐに高画質な3次元画像を作成することができ、血管内手術や経カテーテル的大動脈弁置換術（ちかんじゅつ）などの、先進的な手術にも対応できます。

また、3Dカメラシステムや手術支援ロボットシステムの導入により、先進的で患者さんの負担が少ない内視鏡手術を、迅速かつ安全に実施することが可能になりました。これらは、今後新たな術式への応用も期待されており、常に技術レベルの向上を目指して、チームとして日々精進しています。

ハイブリッド手術室

一言メモ

ハイブリッド手術室は"手術室"であり、造影を必要としない通常の手術も行うことができますし、もちろん全身麻酔も実施できるように設備も整っています。カテーテル治療のみでは困難だった場合、そのまま外科的処置を追加施行することで、より安全、確実な治療を行うことができる体制がとれます。内科、外科というくくりを超えて両者が力を合わせて、より高度な治療を行うための部屋がハイブリッド手術室なのです。

コラム **2**

災害・救命センターにおける災害医療

災害・救命センター
奥寺 敬 センター長
おくでら ひろし

災害・救命センターの役割

DMATとは、「災害急性期に活動できる機動性を持ったトレーニングを受けた医療チーム」であり、災害派遣医療チーム Disaster Medical Assistance Team の頭文字をとった略称です。DMATは、1995年の阪神・淡路大震災の教訓により設立が検討され、2005年4月に発足しました。

富山大学附属病院災害・救命センターは、富山県の基幹災害医療センターであり、災害医療の研究や教育・研修を担っています。富山大学附属病院には救急科医師を中心としたDMATチームがあり、2011年の東日本大震災など国内の災害に派遣し現地で医療支援を行っています。また、富山県の災害医療のシステム構築を主導するなど県民生活の安全性の向上を支援しています。

当院は、富山県での大規模災害発生時のDMATの集結拠点となっており、2019年は中部地区10県の合同訓練を開催しました。また、隣接県の原子力発電所事故を想定した富山県原子力災害拠点病院の指定を受け、県のさまざまな防災訓練に参加しています。

2020年からは、富山県原子力災害医療ネットワーク会議を担当し、さらに安全な地域社会を構築するために活動しています。

一言メモ

災害の種類について

災害は自然災害と人為的災害に大別されます。自然災害とは、集中豪雨や暴風などによる気象災害、地震災害、噴火災害、があり、人為的災害とは列車事故、火災、原子力災害、テロ災害、戦争などがあります。

しかし、東日本大震災のように、これらが同時に発生する場合があり、複合災害とされます。近年では、大型台風などによる大規模停電や河川の氾濫、土砂災害などが発生し、災害が複雑化しているといわれています。

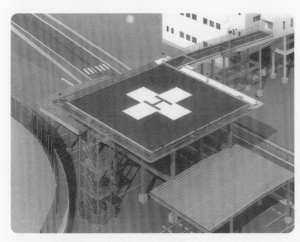

富山大学附属病院ヘリポートの俯瞰図

総合臨床教育センター多目的研修室における心肺蘇生講習会の様子

病院で使っている電子カルテって、どんなもの

医療情報部
なかがわ はじめ
中川 肇 教授

何がどのようにいつまで保存されているの？

患者さんのすべての医療情報が半永久的に保存、利活用されます。現在、当院に登録されている患者数は約 38 万人です。2004 年に電子カルテが導入されて以来、患者さんの診断や治療の情報が保存されています。

もはや医療では、生活のガス・水道・電気と同様にインフラとなり、なくてはならない存在になっています。しかし、24 時間 365 日連続稼働のために医療情報部のスタッフが頑張っています。

どのように便利なの？

紙のカルテのように変質・綴じ忘れは当然なく、多くの医療スタッフが同時にパソコン上で情報を見ることが可能です。他の診療科の処方や、検査の内容が見えるため重複することはありません。また薬や造影剤、食物のアレルギー（ソバ・卵など）も登録してあります。処方をするときに警告メッセージが出ることで、医療安全にも寄与しています。

これからどんな方向に進んでいくの？

2018 年に次世代医療基盤法が施行されました。この法律では医療情報を匿名化して、多くの施設からのデータを集積してＡＩを使って、新たな治療法を開発することが期待されます。また、患者さんご自身が健康状態（運動量、飲酒量など）を入力する PHR（Personal Health Record）に進んでいき、生涯１カルテとなる時代も遠くはありません。

一言メモ

AI、IoT、次世代医療基盤法

文字の羅列のようですが医療の発展と関係があります。次世代医療基盤法とは医療情報を匿名化して集めて、ＡＩの応用により新たな知見を見いだそうとする基盤となる法律で、2019 年 12 月 19 日に政府により匿名加工に関する事業者が初決定されました。例えば、家からインターネット経由で心電図を送り（IoT）、蓄積されたビッグデータを解析して（AI）、心疾患の新たな治療法を開発するなどが期待できます。

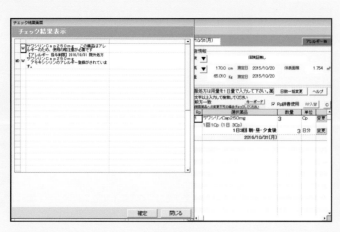

ペニシリンアレルギーの患者さんにペニシリン製剤を処方しようとすると警告が表示され、一般名、商品名（先発、後発問わず）の双方でチェックが可能になっています

総合診療部
<ruby>山城<rt>やましろ</rt></ruby> <ruby>清二<rt>せいじ</rt></ruby> 部長

総合診療部の役割

診断で困っている患者さんをサポート

　総合診療部は、当院の内科外来の一部を担当しています。

　内科では、第1内科（代謝・内分泌、免疫・<ruby>膠<rt>こう</rt></ruby><ruby>原病<rt>げんびょう</rt></ruby>、呼吸器内科）、第2内科（循環器、腎・高血圧内科）、第3内科（消化器、血液内科）、神経内科および感染症内科がそれぞれ専門診療科として外来を担当しています。その中で、総合診療部は主に、ほかの医療機関などから診断に難渋している患者さんの紹介を受け、診察を行っています。

　超高齢社会になり、患者さんは多疾患を抱え、医療の進歩とともに疾患自体が複雑化してきています。また、現在のストレス社会では、心理的社会的な要因も不調の原因になることがあります。

　当部では、臨床診断学（直接患者さんと接することを通じて診断を行う学問）を駆使し、必要に応じて専門診療科と相談しながら、診断困難な多くの患者さんへの対応をしています。

診療とともに、教育に力を注いでいます

　当院では、多くの医学生と研修医が日々研さんを積んでいます。

　彼らは、総合診療外来で病歴聴取や身体診察、一般検査、そしてその疾患診断という医療の基本を学んでいます。これらは、患者さんの協力なくしてはできないことですので、未来の優秀な臨床医を育てるためにも、ぜひご協力ください。

　最近では、内科救急教育にも力を注いでおり、外来診療と救急診療を行うことができる医師を育てていきたいと思います。

一言メモ

総合診療部の役割

総合診療部は大学病院内の診療と教育とともに、地域医療の診療支援に取り組んでいます。

感染症に関することなら何時でも対応します！──総合感染症センター

感染症科
（やまもと よしひろ）
山本 善裕 教授

検査・輸血細胞治療部
（にいみ ひでき）
仁井見 英樹 准教授

感染症科
（さかまき いっぺい）
酒巻 一平 診療教授

総合感染症センターとは？

　抗菌薬（抗生物質）が効きにくい薬剤耐性感染症が世界的に拡大し、社会的に大きな影響を与えています。このような中、2018年5月に感染症に関する予防・制御・診断・治療・研究を統括する総合感染症センターを新たに立ち上げました。センター内に臨床部門、研究開発・検査部門を設置し、24時間365日体制で専門的な知識と経験に基づいた高い水準の感染症専門診療および世界トップレベルの研究開発・検査拠点として活動しています。

富山大学附属病院
総合感染症センター

図　総合感染症センターロゴ

臨床部門（診療分野と臨床研究分野）とは？

　診療分野では、感染症科を中心に他の診療科の協力を得て、あらゆる感染症に対して24時間365日体制で対応しています。

1）専門的な知識と経験に基づいた高い水準の感染症専門診療
　・一人ひとりの患者さんに合わせた、新しい個別化抗菌化学療法を提供することが可能です。
2）輸入感染症・渡航者外来（ワクチン接種）の対応
　・北陸地方で唯一、熱帯病治療薬研究班希少

薬剤使用機関に所属しており、重症マラリアに有効なグルコン酸キニーネ等の国内未承認薬を保管しています。
3）地域医療連携
　・地域医療機関からホットラインを通じて24時間365日コンサルテーションを受ける体制が確立されています。
　臨床研究分野では、バイオ医薬・核酸医薬・抗体医薬を含めた主として感染症治療に関する臨床研究・治験を行います。

研究開発・検査部門とは？

　感染症における新たな検査技術の研究開発を行うとともに、富山大学附属病院（総合感染症センター）独自の検査を実施しています。

研究開発分野

　当部門では以下のようなトップレベルの研究開発を行っています。

1）起炎菌迅速同定法：採血後4〜5時間という早さで感染症の原因となる菌を同定します。この技術は国内特許・国際特許を取得しています。
2）起炎菌迅速定量法：血液などの患者検体中にいる菌数を素早く測定します。菌数によって感染症が重症かどうか？　治療が上手くいっているかどうか？を判定します。現在、この検査が行えるのは当院のみです。
3）真菌迅速同定法：感染症の原因となる真菌（カンジダ菌種）を素早く同定します。

4）子宮内感染症迅速検査法：切迫早産の原因と
なる羊水中の菌を素早く同定し、菌数を測定
します。本検査は当院産科婦人科との共同研
究として実施しています。

5）迅速薬剤感受性試験法：感染症の原因となる
菌に対し、どの抗菌薬が効くかを素早く判定
します。

検査分野

上記した検査を院内で実施するとともに、他施
設からの受託も行っています。

創薬分野

感染症（ウイルス、細菌、真菌）の新しい薬剤
の開発を企業と共に取り組みます。

写真1　診療部門（感染症科）スタッフ

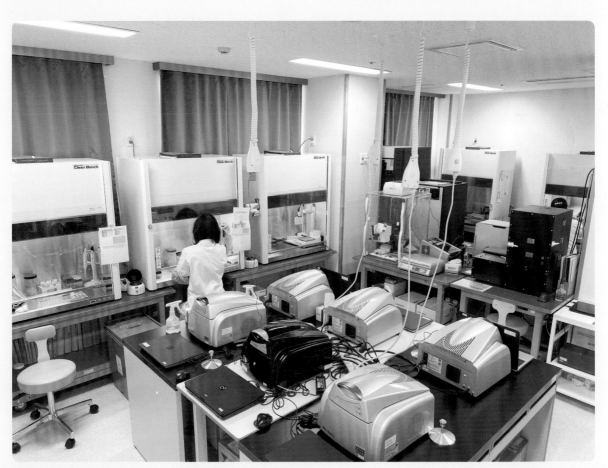

写真2　研究開発・検査部門

患者さんの病状に合った、最適な血液浄化療法を提供

透析部
きぬがわ こういちろう
絹川 弘一郎 部長

透析部
こ いけ つとむ
小池 勤 副部長

血液浄化療法、血液透析とは

血液浄化療法とは、血液から不要あるいは有毒な物質を除去することを目的とする体外循環治療です。

血液浄化療法には、末期腎不全に対する血液透析をはじめ、重症敗血症や循環器系合併症を有する急性腎不全に対する持続的血液濾過透析、自己免疫疾患や肝不全に対する血漿交換療法、難治性ネフローゼ症候群や閉塞性動脈硬化症に対するLDLアフェレーシスなどの治療法があります。

血液透析は、血液を体外に取り出し、透析器を介して、腎不全患者さんで貯留する余分な水分や老廃物を取り除き、きれいになった血液を再び体内に戻す治療法です。1週間に2～3回、1回に約4時間かけて治療します。透析患者数は増加の一途をたどり、現在は33万人を超えています。また、透析導入年齢の高齢化とともに長期透析例も増えてきており、心血管疾患や骨関節疾患等の合併症を多く有する患者さんが増加しています。

当院透析部の診療内容

当院透析部では、末期腎不全の患者さんに対する血液透析の導入や、合併症で入院中の透析管理を行っています。また、血液透析以外の血液浄化療法全般を担当しています。透析や腎移植についての患者さんと家族への説明・相談や、腹膜透析患者さんの腹膜機能検査も行っています。

当院では、病状が安定しない、あるいは周術期管理が必要となる患者さんが多いため、安全かつ適切に血液浄化療法を行うことを第一に考えています。そのため、症例カンファレンスを毎週実施し、依頼科主治医と協議して治療方針を決定しています。また、透析療法および合併症に伴う身体的・精神的負担に配慮し、精神的ケアに留意しています。

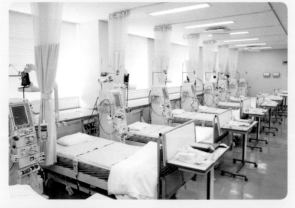

透析室（血液透析など血液浄化療法を必要とする患者さんの治療を行っています）

一言メモ

持続的血液濾過透析について

持続的血液濾過透析とは、重症敗血症に伴い増加する炎症促進因子の除去、および重症心不全や心臓手術後の不安定な循環動態下で、透析が必要な急性腎不全患者さんに対して24時間持続的に行う血液浄化療法です。

通常の血液透析よりも体外循環する時間当たりの血液量が少なく、血圧低下が起こりにくくなります。近年、当院では重症心不全患者さんの増加に伴い、持続的血液濾過透析の件数が増加しています。

コラム *7*

より質の高い医療を提供するために——看護師特定行為

看護師特定行為研修センター
佐藤 慎哉 看護部 副看護師長

看護師特定行為研修センターの開設

当院では、「特定行為」を行える看護師を養成するため「看護師特定行為研修センター」を開設し、2019年から「特定行為研修」を行っています。

特定行為とは

2025年にわが国の65歳以上の高齢者人口の割合は、30％を超すことが予想され、病院や自宅などで医療を受ける方の数も増えていきます。一方で、1人の医師がかかわることのできる患者の数や時間には限界があります。そこで、医行為の一部を「特定行為」として看護師が行い、より適切なタイミングで患者さんへ医療を提供していくために特定行為研修制度が誕生しました。国は、この「特定行為」ができる看護師の養成を推奨していますが、全国的に少ない状況にあり、富山県においても早急に数を増やす必要があります。

当院では、以下の内容について10か月かけ研修生を育成しています。

＊人工呼吸に関連すること：「患者さんの状態に合わせた人工呼吸器の設定変更」など
＊循環に関連すること：「血圧や尿量に関する点滴の調整」など
＊栄養や水分に関連すること：「栄養や脱水に関する点滴の調整」など

（2019年度の場合）

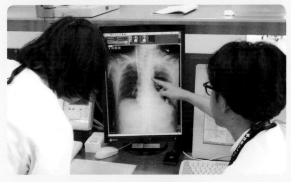
研修指導医師と胸部エックス線画像の学習

研修生のグループ学習

皆さまのお役に立てること

研修を修了した看護師は、手順書をもとに、医行為の一部を行うことができます。例えば、医師がその場に不在であっても医師と事前の打ち合わせを行い、手順書にもとづいて患者さんへの処置などが早急にできるようになります。

これは、学習を積み重ね、日頃から患者さんに寄り添う時間が長い看護師だからこそできる行為です。今後もこのような知識と技術を持った看護師が増え、より質の高い医療が提供できることを目指していきます。

一言メモ

看護師特定行為は、診療の補助として38の医行為を看護師が行うものです。当院では、そのうち12行為が修得できるコースを開講しており（2019年時点）、院外からも広く研修生を受け入れています。研修では、数百時間に及ぶ講義や演習を受け、最終的に臨地実習を行い、医学的知識や技術の修得に励みます。

新しい時代に向かって──医療福祉サポートセンターの役割

医療福祉サポートセンター
山城 清二 センター長
やましろ せい じ

看護部（医療福祉サポート担当）
瀬川 美香子 副看護部長
せ がわ み か こ

地域医療連携と医療福祉サポート

医療福祉サポートセンターでは、地域医療機関との連携や、患者さんの抱えるさまざまな問題に対応する総合医療福祉相談とその支援を行っています。

昨今の医療制度の改定により、紹介・逆紹介や退院の支援の充実が求められています。また、高齢化や家族形態の変化により、患者さん一人ひとりへのきめ細やかな対応も重要になってきています。

そこで、当センターでは、新しい時代の医療ニーズに応えるために、看護師、ソーシャルワーカー、事務職員の増員を行いました。今より一層、地域医療機関との連携を密にし、患者さんへ医療とともに福祉的な援助も行い、温かな医療支援を提供していきます。

看護師やソーシャルワーカーの活躍

2017年度には、入退院支援室を設置し、よりスムーズな入退院が可能になりました。そのために、患者さんに寄り添ったきめ細やかな看護師の医療やケアへの対応や、ソーシャルワーカーによる福祉サポートのさらなる充実を目指しています。

医療連携協定病院との医療連携

当院は特定機能病院として、急性期医療を中心とした先進医療や高度医療を行っており、より多くの重症患者さんを受け入れられる体制が必要です。そこで、急性期の治療を終え、症状が安定した患者さんには、病院の機能分化も考慮した上で転院等をお願いしています。

2017年10月からは「医療連携協定病院」制度を設け、2019年度までに6つの医療機関と「医療連携協定」を締結しました。

この「医療連携協定病院（以下協定病院）」と、月に2回程度、地域連携室の担当者同士が顔を合わせてカンファレンスを行い、患者さんの転院後の様子や医療連携に関する連絡事項等を情報共有することで、各協定病院の特徴や得意分野を理解できるようになり、患者さん一人ひとりに応じた退院支援が可能になっています。

当院から入退院支援室担当の看護師やソーシャルワーカーが協定病院を訪問する際には、転院された患者さんにもお会いするようにしています。転院された病院で、患者さんとお話することで回復の状態を直接確認できます。また患者さんの安心した顔を見られること、時には言葉をかけていただけることが、看護師、ソーシャルワーカーのやりがいにもつながっています。

医療福祉サポートセンターのスタッフ

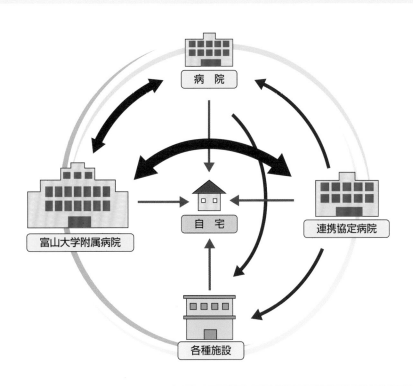

2019年度には、6つの協定病院が一同に会し、医療連携懇談会を開催しました。協定病院間の信頼関係を築き、より充実した退院支援につながるような連携を目指していきます。

医療連携協定病院との相互人材交流

2019年からは、協定病院間での相互人材交流に取り組んでいます。当院の皮膚・排泄ケア認定看護師を協定病院に月1回派遣し、褥瘡（じょくそう）予防や排泄ケアの知識や技術のアドバイスをしています。

また、協定病院の看護師が、当院から転院予定の患者さんについて、当院での様子を見学し、転院後も同じ看護ケアが行えるように取り組んでいます。転院前に転院先の看護師と顔を合わせることで、患者さんの安心にもつながっています。

患者さんが転院された後は、当院の病棟看護師が協定病院を訪問しています。転院された患者さんが地域で生活するための準備にかかわったり、

地域包括ケア病棟など当院にはない機能病床を見学したりすることが、当院の看護師の在宅支援に対する能力の向上につながると考えています。

終わりに

これからも、看護師やソーシャルワーカーが生き生きと活躍し、事務職や医師がサポートし合う働きやすい職場をつくって、患者さんやその家族の支援に貢献できるように努めてまいります。また地域の医療機関と連携し、顔の見える地域包括ケアシステムを構築していきます。

一言メモ

医療福祉サポートセンターの役割

地域包括ケアシステムの推進には、多職種連携、地域医療機関との連携、そして患者さんやその家族への支援が重要です。

安心して医療を受けていただくための環境を整えます

医療安全管理室
<ruby>長島<rt>ながしま</rt></ruby> <ruby>久<rt>ひさし</rt></ruby> 特命教授

医療安全管理室とは？

　医療安全管理室は、医療の現場の安全を守るプロ集団として、医師、看護師、薬剤師がそれぞれの視点から病院に潜む危険を分析して、病院の安全を高めるための仕組み作りや、安全に医療が行われているかの監視をしています。また、病院に寄せられたご意見のうち、医療安全にかかわるものについての調査もしています。

医療の安全はどう守る？

　医療安全管理室では、日常の医療の中で起こる「ヒヤリ」としたり「ハッと」したりしたこと（ヒヤリハット）や、本来の予定から外れて患者さんに被害が発生したこと（医療事故）などの情報を集めて分析し、医療の現場に潜む危険を減らす取り組みをします。

　また、医療事故が発生した場合には、その原因の追究や再発防止に必要な調査を行い、同様の事故を繰り返さないための対策を立てて、病院として実施します。人は誰でもうっかりしたり思い込んだりすることがあるので、それが事故につながらない仕組みを作るとともに、協力し補い合える医療チームを作るための研修などを行うことも重要な役割です。

患者さんの自発的な参加も重要です

　安全に医療を受けていただくには、患者さん自身にも医療安全に積極的に参加いただくことが重要です。お呼びした名前を聞き違えたり、同姓の患者さんがいたりすることも多いので、診察や検査の前には「苗字、名前」をご自身からはっきりと教えてください。薬や注射を受ける場合には、お店で注文した品物に間違いがないか確認するように、薬の袋やラベルの名前に間違いがないかをご自身でも確認ください。検査の報告書は申し出があればお渡ししますので、ご自身が検査結果を確認するだけでなく、家族に結果をお伝えするのにも活用ください。なお、検査結果の報告書には重要な個人情報が含まれますので、取り扱いや紛失にはくれぐれもご注意ください。

　病院は自宅と環境が異なり、さまざまな危険が潜んでいます。ベッド中心の生活は運動不足になりがちですし、床の材質のために、履物によって（スリッパや樹脂製サンダル）は滑ったり<ruby>躓<rt>つまづ</rt></ruby>いたりしやすく、転ぶと大きな事故につながることがあるので、転倒や転落にもご注意ください。

一言メモ

病院で安全に医療を受けるための 8 か条

1. 診察や検査の前に、はっきり「姓・名」を
2. 検査結果は、報告書を自分の目でも確認を
3. 病状や手術の説明は、メモを取って確実に
4. 分からないことは、遠慮をせずに質問を
5. 薬や注射の前には、自分でも名前の確認を
6. 忙しそう…遠慮をせずにナースコールを
7. 歩き出し、起きて座って一息ついて
8. スリッパと樹脂製サンダルやめて転倒予防

コラム10

緩和ケアとは──緩和ケアセンターの役割

臨床腫瘍部
梶浦 新也 （かじうら しんや） 診療講師

緩和ケアとは？

　世界保健機関（WHO）によると、緩和ケアとは「生命を脅かす病の患者と家族の様々な問題を、早期に同定し対応することで苦痛を予防し緩和し、生活の質を改善すること」とされています。

　いわゆる終末期に行われるのが緩和ケア、というイメージがありますが、早期から行うと患者さんの長生きにつながるという研究結果もあり、国も緩和ケアの重要性を認識しています。がん対策基本計画において「全てのがん診療医は緩和ケア研修を受けること」が挙げられており、全国統一のプログラムで研修会が行われ、緩和ケアのレベルの向上が図られています。

全人的苦痛とチーム医療

　実際に緩和ケアを行うために、まず何が必要でしょうか。患者さんにどのような苦痛があるか気がつく必要があります。医師は、痛みなどの身体的な苦痛には気がつきやすいですが、精神的な苦痛、社会との関係の苦痛、スピリチュアルペインと呼ばれる生きがいに関する苦痛などには気づけないことがあります。これらのすべてを含めた苦痛を探って対応することが求められており、このような考え方を全人的苦痛と呼んでいます。医師のみならず看護師、薬剤師、その他の医療従事者

私たちが、チームであなたをサポートします。

すべてがチームとなって全人的苦痛に向き合う必要性があります。

　また、当院の緩和ケアセンターには緩和医療専門医や精神科医、認定看護師・薬剤師などからなる専門の緩和ケアチームがあり、難しいケースに対応しています。

一言メモ

- 緩和ケアは、いわゆる終末期ではなく早期から行うものです。早期から行うと長生きにつながるという研究結果もあり、国の施策として緩和ケアのレベル向上が図られています。

- 痛みだけでなく、全人的苦痛という考え方で身体的、精神的、社会的、スピリチュアルな苦痛などさまざまな苦痛を探り対応します。

- すべての医療従事者が行うものですが、困難な場合には専門の緩和ケアチームも対応します。

患者さんと病院職員を感染から守るため〜見えない敵と戦ってます！

感染制御部
山本 善裕 部長　　感染制御部
青木 雅子 感染対策担当師長（感染管理認定看護師）

私たちの敵は？ その戦略は？

　感染を引き起こす原因は、私たち人間の体や生活環境に無数に存在しているばい菌（微生物）です。しかし、その微生物たちは、とても小さすぎて人間の目で見つけることができません。

　私たちは、そんな見えない敵が患者さんの体の中に入らないように日々戦っています。その戦略は、見えない敵がどこに多く存在しているか、また患者さんの体内に敵が入る可能性のある道筋はどこかを考え、そこを食い止めることが感染防止対策につながると全病院職員へ伝えています。

　最も効果的な対策は、誰でもができる「手洗い・手指消毒」です。微生物は自ら移動することはできません。人間の手という乗り物によって移動します。

　しかし、私たち病院職員が実施するだけでは、感染防止対策は万全ではありません。患者さんとその家族・面会者の方々の協力もとても重要になります。

それぞれの専門性を生かしたチーム活動

　私たちのチームは、感染に関連した専門知識を持つ、医師、看護師、薬剤師、臨床検査技師とサポートしてくれる事務で活動しています。

　毎日、微生物検査の最新情報をキャッチし、問題となる菌が出たときは、早期に対策を実施するよう指導しています。

　また、週に2回病院内をチームでパトロールし、現場で日常的に感染防止対策が実施できているかをチェックし、患者さんと職員を感染から守るため日々活動しています。

一言メモ

きちんと手洗いしたつもりでも案外洗い残しが多くみられます。

①まず流水で手をぬらし、②石鹸を泡立て、③指先・指の間・親指部分を特に意識して、④30秒間は洗いましょう。また、手荒れがあると細かい傷の中にばい菌がたくさん住みつきます。手洗い後は、①しっかり乾燥させる、②ハンドクリームなどでケアをしましょう。

コラム **12**

患者さんに寄り添い、看護として目指すところ

看護部
三日市 麻紀子 看護部長

看護師として心得たいこと

健康問題を抱え来院する患者さんがスムーズに回復し、1日も早く自宅に帰ることができるよう、また繰り返し病気に悩まされないよう、日常生活の過ごし方を想像しながら支援することが看護の本質といえます。

入院中の患者さんには、ごく自然に熱を測ったり、体をふいたりするところから看護は始まりますが、そんな中でも「すっきりされたかしら」「血行を促すことはできたかしら」と考え、入院生活が少しでも楽に過ごせるよう工夫をしています。「一方的なケアにならないよう、患者さんの気持ちに寄り添いながら、患者さんの体の回復を目指しケアをする」そんな看護を目標にしています。

輸液ポンプの使い方研修

富山大学附属病院の看護の向かうところ

国は超高齢社会に対し、各病院の役割を明確にし、地域の病院同士連携することを望んでいます。

大学病院は「高度急性期医療」といい、高難度な治療や手術を行うことを使命とし、患者さんに医療を提供しています。しかし、その後の生活を想定したフォローも重要です。

これまでに地域の病院と連携協定を結び、「患者さんの健康を守る」を意識してきました。看護では転院される患者さんの情報を医療福祉サポートセンターが主軸となり、お伝えしています。

また看看連携といって転院される患者さんの情報を前もって次の病院へつなぐため、看護師が互いの病院へ行って実習する制度や人事交流という、連携病院の看護の良いところを学ぶ交換留学制度など、看護の質を高める工夫を行っています。

患者さんの退院後の生活を見据えて、入院直後から何をサポートしたら自宅で過ごせるか、看護師一人ひとりが考えながら支援をしていきます。

一言メモ

専門職である私たちは、常に前向きに学習をしています。大学病院は自由な雰囲気があり、専門、認定看護師のスペシャリストや特定行為看護師、医師から助言を得て成長しています。

先端医療の開発へ向けて──臨床研究管理センターの役割

臨床研究管理センター
中條 大輔 特命教授
ちゅうじょう だいすけ

臨床研究管理センターの活動

　大学病院は、先端的な医療を行うという重要な役割を担っており、新しい医療を開発するためには「臨床研究」が必要になります。臨床研究とは、「病気の新しい診断法や治療法を開発する」「原因が分かっていない病気のデータを集めて病態を解明する」などを目的として、患者さんとともに行う研究です。

　当センターでは、各診療科の医師と活発に、かつルールを守って臨床研究を行っていけるように、臨床研究コーディネーターや事務スタッフがチームとなって活動しています。また、「治験」も当センターの重要な業務です。治験とは、新しく開発された薬剤を診療現場で広く提供できるように国に承認してもらうための重要なステップで、これについても各診療科の医師と協力して推進しています。

先端医療の開発へ向けて

　2019年度より、当センターでは、先端的な医療を実際に患者さんに提供し、その有効性や安全性を評価するための「特定臨床研究」を積極的に推進・支援しています。また、臨床研究が活発になるにつれて、カルテ情報や臨床研究データなどの医療データを適切かつ安全に取り扱うことが重要になっており、そのための人材育成にも取り組んでいます。富山大学附属病院の強みは、医療以外のさまざまな学術分野とも連携できる点にあります。理工系部門との連携では、新しい医療技術

診療科医師との研究支援打合せ

臨床研究管理センターのスタッフ

の開発に情報工学の技術を応用することも検討しており、医薬学系部門との連携では、「くすりの富山」ならではの薬剤の開発にも携わっていければと考えています。全国レベル・世界レベルの新しい医療技術を富山から発信できるよう邁進していきます。

一言メモ

- 大学病院は、先端的な医療を行うという重要な役割を担っています。

- 臨床研究管理センターは、新しい医療を開発するための「臨床研究」を診療科の医師とともに行うところです。

- 当センターでは、「治験」のコーディネートも行っています。富山大学附属病院臨床研究管理センターのホームページにも情報公開していますので、ぜひご参照ください。

コラム *14*

エコチル調査——子どもの健康と環境に関する全国調査

エコチル調査富山ユニットセンター

稲寺 秀邦 センター長・公衆衛生学教授
（いなでら ひでくに）

エコチル調査って？

2011 年より 3 年間で全国から 10 万人の妊婦さんを登録し、生まれた子どもたちが小学校を卒業するまで追跡する「エコチル調査」がスタートしました。「エコロジー（環境）」と「チルドレン（子どもたち）」を組み合わせて「エコチル調査」です（図1）。「エコチル調査」の正式名称は「子どもの健康と環境に関する全国調査」です。

最近、子どもたちに喘息やアレルギー、肥満、発達障害などが増加しているといわれています。これらの病気を予防するためには、病気の原因を明らかにし、その原因を取り除くことが必要です。

病気の原因の 1 つに環境要因があります。子どもの成長や健康は多くの環境要因の影響を受けます。環境とは自然環境のみならず、生活環境や社会環境なども含んでいます。これらの環境要因は遺伝的要因とは異なり、私たちの知恵と工夫によって好ましいものにかえていくことができます。

エコチル調査が目指すもの

お母さんのお腹の中の胎児や、生まれたばかりの乳幼児は化学物質曝露を含む環境要因により、さまざまな健康影響を受けやすいことが知られています。このため「エコチル調査」では、妊娠が確定した妊婦さんにお声かけし、生まれた子どもたちが小学校を卒業するまで追跡しているのです（図2）。

子どもの健康や成長に化学物質を含む環境要因が、どのような影響を与えるかを明らかにし、悪い影響を及ぼす要因を取り除くことにより、子どもたちが健やかに成長できる環境、安心して子育てできる環境の実現につなげていきます。子どもたちや次世代の人に健康で豊かな生活を送ってもらうために、今から対策を考え、問題があれば改善していくことが必要です。将来の子どもたちの健康づくりのための大切な取り組みが「エコチル調査」なのです。

「エコチル調査」はまだまだ長い道のりです。これからも「エコチル調査」に応援をよろしくお願いします。

図1 エコチル調査とは　　　図2 エコチル調査のスケジュール

一言メモ

「エコチル調査」は、胎児から 13 歳までの追跡調査により、子どもの健康状態と環境の関係性を明らかにするために行っています。

オンコサーミア自由診療

人間科学1

<ruby>金森<rt>かなもり</rt></ruby> <ruby>昌彦<rt>まさひこ</rt></ruby> 教授

　オンコサーミアとは「<ruby>腫瘍温熱療法<rt>しゅようおんねつりょうほう</rt></ruby>」のことです。がんの標準治療は手術療法、化学療法、放射線療法ですが、それを補完する選択肢として、従来から温熱療法（ハイパーサーミア）があります。がん細胞は正常組織と比較して熱に弱く、がんの種類にあまり関係なく縮小効果が期待できます。近年、後続機器として、より少ないエネルギーで、深部に存在する腫瘍への効果が高くなるオンコサーミア理論と技術が開発され、海外では臨床で実施されています。ドイツ、ハンガリー、韓国など世界30か国で用いられていますが、国内では未承認医療機器のままです。しかし富山大学では医師主導型試験を終え、現在は自由診療となり、下記の流れで治療を受けることができます（3つの窓口があります）。

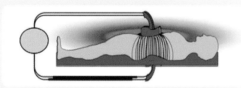

オンコサーミア治療のイメージ（2020年2月現在）

当院通院中の方へ

　主治医の先生からオンコサーミア担当医宛に院内紹介を受け、受診してください。肺がん、乳がん、婦人科腫瘍、皮膚がん、血液系腫瘍、<ruby>骨軟部<rt>こつなんぶ</rt></ruby><ruby>腫瘍<rt>しゅよう</rt></ruby>などのほか転移腫瘍も対象です。すべてのがんに対応できるものではありません。

他院からの紹介状をお持ちの方へ

　現在通院中の病院の地域連携室を通して、医療

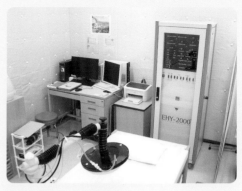

病院1階の腫瘍温熱治療室

福祉サポートセンターへ外来受診の予約をしてください。院外からの受診の際には、主治医の先生のご了解のもと紹介状・画像データなどをご持参ください。主治医の先生の治療における選択肢として、お引き受けすることになります。
●医療福祉サポートセンター地域連携枠予約受付：
　TEL 076（434）7804

紹介状をお持ちでない方

　紹介状をお持ちでない場合や家族の方などにおかれましても、治療に関するご相談がございましたら、下記までご連絡ください。医師による相談日（無料）をご案内します。
●がん相談支援センター：
　TEL 076（434）7725（来院予約）
●医師による相談：第1・3月曜 15:00～16:00
●場所：外来棟3階　ほほえみサロンとなり

一言メモ

2019年2月より自由診療になりました。腫瘍温熱療法は外来治療のみで1回1時間、週1～3回で、1クール8回が目安です。効果があれば引き続き実施ができます。完全予約制で、治療費は1回5000円（＋消費税）です。自由診療では同日に他の治療を受けることができません。また入院治療もできないことになっています。国内では現在約7か所の施設で治療を受けることができます。

病院案内

富山大学附属病院の概要

所在地	富山県富山市杉谷 2630 番地 電話：076 － 434 － 2281（代表）		
患者数（平成 30 年度）	【入院】 延入院患者数　183,854 人 1 日平均入院患者数　503.7 人 平均在院日数　13.32 日		【外来】 延外来患者数　315,953 人 1 日平均患者数　1,300.2 人 平均通院日数　12.1 日
病床数	612 床		
沿革	1975 年（昭和 50 年）	10. 1	富山医科薬科大学設置
	1979 年（昭和 54 年）	4. 1	富山医科薬科大学附属病院設置
		10.15	附属病院診療開始
	2004 年（平成 16 年）	4. 1	国立大学法人に移行
	2005 年（平成 17 年）	10. 1	富山大学、高岡短期大学との 3 大学統合により 富山医科薬科大学附属病院から富山大学附属病院に変更

交通アクセス・周辺地図

車
北陸自動車道　富山西インターから約 5 分

バス
ＪＲ富山駅から富山地鉄バスで約 3 0 分

タクシー
ＪＲ富山駅からタクシーで約 2 0 分
富山空港からタクシーで約 2 0 分

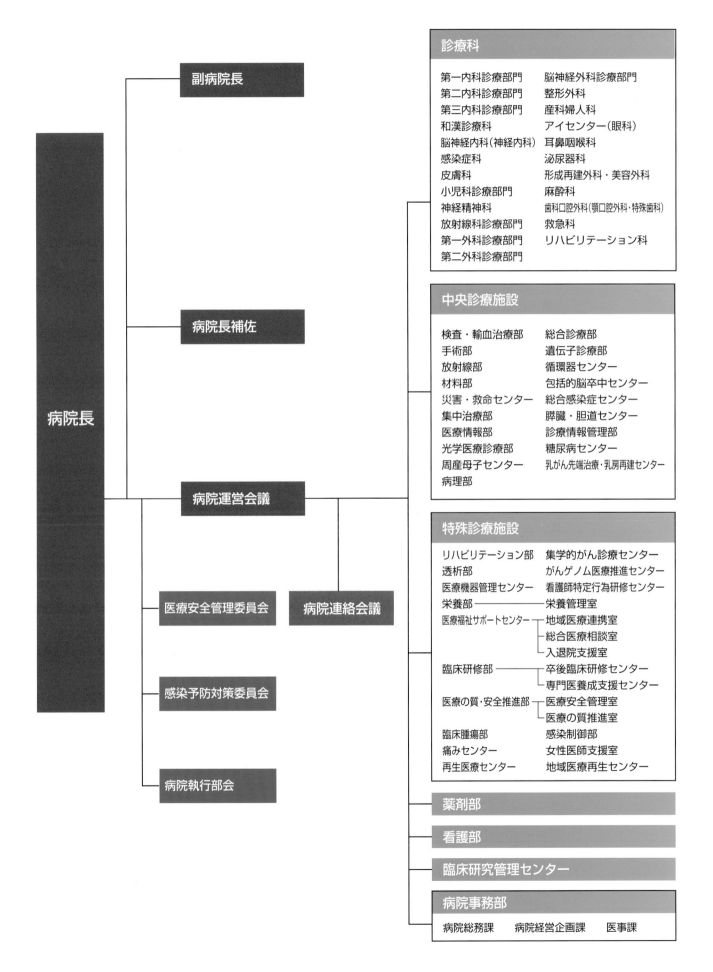

診療科

第一内科診療部門	脳神経外科診療部門
第二内科診療部門	整形外科
第三内科診療部門	産科婦人科
和漢診療科	アイセンター（眼科）
脳神経内科（神経内科）	耳鼻咽喉科
感染症科	泌尿器科
皮膚科	形成再建外科・美容外科
小児科診療部門	麻酔科
神経精神科	歯科口腔外科（顎口腔外科・特殊歯科）
放射線科診療部門	救急科
第一外科診療部門	リハビリテーション科
第二外科診療部門	

中央診療施設

検査・輸血治療部	総合診療部
手術部	遺伝子診療部
放射線部	循環器センター
材料部	包括的脳卒中センター
災害・救命センター	総合感染症センター
集中治療部	膵臓・胆道センター
医療情報部	診療情報管理部
光学医療診療部	糖尿病センター
周産母子センター	乳がん先端治療・乳房再建センター
病理部	

特殊診療施設

リハビリテーション部	集学的がん診療センター
透析部	がんゲノム医療推進センター
医療機器管理センター	看護師特定行為研修センター
栄養部 ───────	栄養管理室
医療福祉サポートセンター ─┬	地域医療連携室
├	総合医療相談室
└	入退院支援室
臨床研修部 ─────── ┬	卒後臨床研修センター
└	専門医養成支援センター
医療の質・安全推進部 ─┬	医療安全管理室
└	医療の質推進室
臨床腫瘍部	感染制御部
痛みセンター	女性医師支援室
再生医療センター	地域医療再生センター

薬剤部

看護部

臨床研究管理センター

病院事務部

病院総務課	病院経営企画課	医事課

副病院長

病院長補佐

病院長

病院運営会議

医療安全管理委員会

病院連絡会議

感染予防対策委員会

病院執行部会

診療受付から、お支払いまでの流れ

次回の診療が必要な場合は、担当医と相談のうえ、予約日時をあらかじめお決めください。
また、診療は原則として予約順に行いますので、予約をされた方は、不必要に早朝から来院されることなく、指定された時刻までに来院されますようお願いいたします。

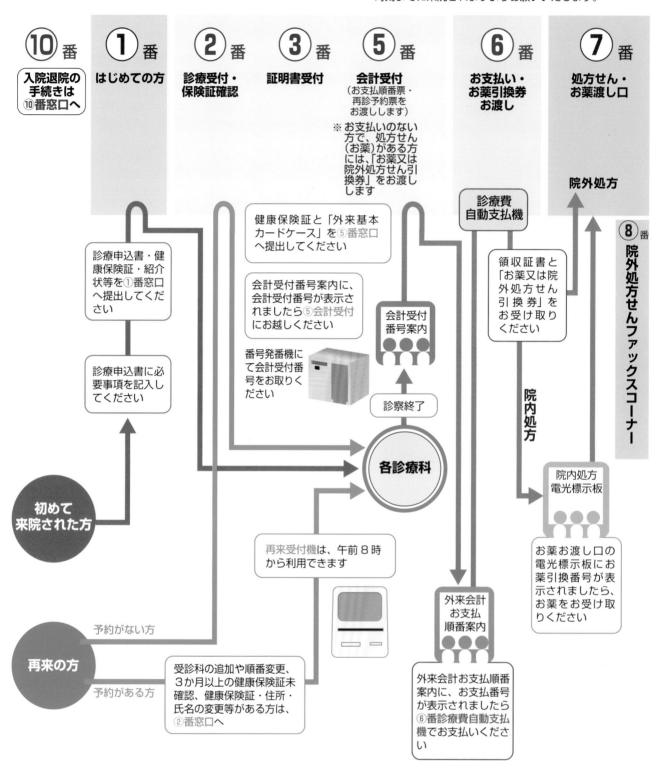

⑩番　入院退院の手続きは⑩番窓口へ

①番　はじめての方

②番　診療受付・保険証確認

③番　証明書受付

⑤番　会計受付
（お支払い順番票・再診予約票をお渡しします）
※ お支払いのない方で、処方せん（お薬）がある方には、「お薬又は院外処方せん引換券」をお渡しします

⑥番　お支払い・お薬引換券お渡し

⑦番　処方せん・お薬渡し口　院外処方

⑧番　院外処方せんファックスコーナー

診療申込書・健康保険証・紹介状等を①番窓口へ提出してください

診療申込書に必要事項を記入してください

健康保険証と「外来基本カードケース」を⑤番窓口へ提出してください

会計受付番号案内に、会計受付番号が表示されましたら⑤会計受付にお越しください

番号発番機にて会計受付番号をお取りください

会計受付番号案内

診察終了

各診療科

診療費自動支払機

領収証書と「お薬又は院外処方せん引換券」をお受け取りください

院内処方

院内処方電光標示板

お薬お渡し口の電光標示板にお薬引換番号が表示されましたら、お薬をお受け取りください

初めて来院された方

再来受付機は、午前8時から利用できます

外来会計お支払順番案内

外来会計お支払順番案内に、お支払番号が表示されましたら⑥番診療費自動支払機でお支払いください

再来の方　予約がない方　予約がある方

受診科の追加や順番変更、3か月以上の健康保険証未確認、健康保険証・住所・氏名の変更等がある方は、②番窓口へ

医療機関からのご紹介手続き・流れについて

① 患者さんが紹介元医療機関を受診されます。

② 紹介元医療機関から医療福祉サポートセンターへ電話にて診療依頼をいたします。

③ 紹介元医療機関は医療福祉サポートセンターと電話にて予約日の日時調整をいたします。（※）

④ 紹介元医療機関から予約申込書と紹介状を FAX していただきます。
（画像 CD-R がある場合は、予約日の 3 日前までに医療福祉サポートセンターまで郵送していただきます。）

⑤ 紹介元医療機関は予約申込書と紹介状原本を患者さんにお渡しいたします。

⑥ 患者さんは予約日当日に予約申込書、紹介状等を持参のうえ、予約した診療科を受診していただきます。
（総合受付①番「はじめての方」窓口で受付してください。）

※麻酔科、脳神経外科、放射線治療については、先に紹介状をいただいてからの日程調整となりますので、
予約日が確定するまでに数日かかる場合があります。

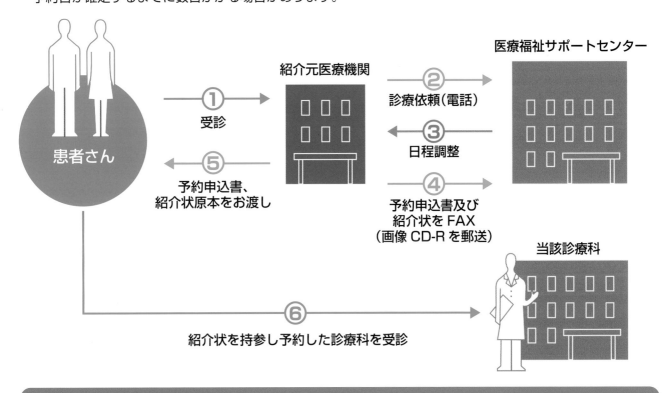

予約受付時間　9：00 ～ 17：00

| ご予約専用電話番号 | 076-434-7804 | FAX | 076-434-5104 |

紹介患者さんに当日持参いただくもの

☐ 地域連携枠専用診療予約申込書

☐ 紹介状（診療情報提供書）

☐ 健康保険証（公費負担の受給者証等を含む）

☐ お薬手帳

☐ 受診カード（当院に受診歴のある方）

ご注意いただきたいこと

・予約時間は、予診や検査が始まる目安の時間です。

・診療科によっては、医師の指定が可能です。申込時に
お問い合わせください。

・画像データがある場合は、CD-R を受診の 3 日前までに
医療福祉サポートセンターまでご郵送ください。

院内マップ（2020年5月現在）

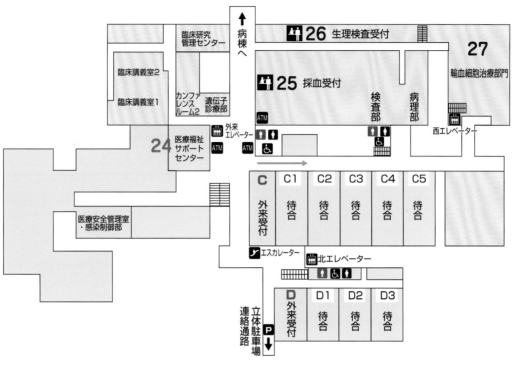

2F

- 臨床研究管理センター
- 臨床講義室2
- 臨床講義室1
- カンファレンスルーム2
- 遺伝子診療部
- **26** 生理検査受付
- **27** 輸血細胞治療部門
- **25** 採血受付
- 検査部
- 病理部
- ATM
- 西エレベーター
- 外来エレベーター
- ATM
- ATM
- **24** 医療福祉サポートセンター
- 医療安全管理室・感染制御部
- **C** 外来受付
- C1 待合
- C2 待合
- C3 待合
- C4 待合
- C5 待合
- エスカレーター
- 北エレベーター
- **D** 外来受付
- D1 待合
- D2 待合
- D3 待合
- 病棟へ
- 連絡通路
- 立体駐車場

中央診療棟

検査等受付のご案内
- **25** 採血受付
- **26** 生理検査受付
- **27** 輸血細胞治療部門

外来診療棟

診療科等のご案内
- **C**受付 —— 内科
- **D**受付 ┬ 皮膚科
  - ├ 外科
  - ├ 形成再建外科・美容外科
  - └ 耳鼻咽喉科
- **24** 医療福祉サポートセンター

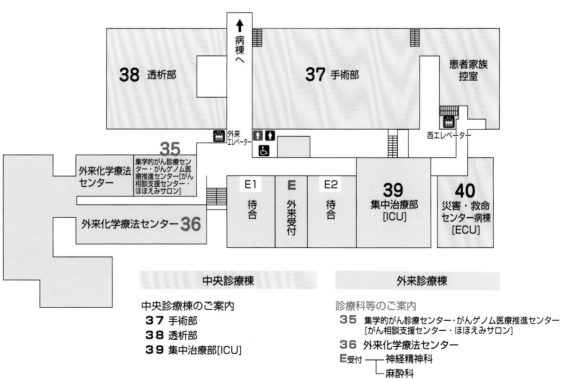

3F

- **38** 透析部
- **37** 手術部
- 患者家族控室
- 西エレベーター
- 外来エレベーター
- **35** 集学的がん診療センター・がんゲノム医療推進センター[がん相談支援センター・ほほえみサロン]
- 外来化学療法センター
- 外来化学療法センター **36**
- E1 待合
- **E** 外来受付
- E2 待合
- **39** 集中治療部[ICU]
- **40** 災害・救命センター病棟[ECU]
- 病棟へ

中央診療棟

中央診療棟のご案内
- **37** 手術部
- **38** 透析部
- **39** 集中治療部[ICU]

外来診療棟

診療科等のご案内
- **35** 集学的がん診療センター・がんゲノム医療推進センター[がん相談支援センター・ほほえみサロン]
- **36** 外来化学療法センター
- **E**受付 ┬ 神経精神科
  - └ 麻酔科

富山大学附属病院 医療連携協定病院・連携病院・連携登録医のご紹介

医療連携協定病院とは

当院と医療連携を特に密に行うように協定書を締結している病院です。患者さんが転院された後も当院の医師、看護師との連携が続けられ、転院後も当院の治療から連続した治療（急性期から回復期まで）を受けられるように配慮されています。

医療連携協定病院

No	医療機関名	住所	協定締結日
1	医療法人社団 親和会 富山西リハビリテーション病院	富山市婦中町下轡田1010	H29.10.1
2	医療法人社団 藤聖会 八尾総合病院	富山市八尾町福島7-42	H29.10.1
3	医療法人社団 藤聖会 富山西総合病院	富山市婦中町下轡田1019	H30.2.1
4	JCHO　高岡ふしき病院	高岡市伏木古府元町8-5	H30.3.1
5	医療法人財団五省会 西能病院	富山市高田70番地	H30.7.1
6	射水市民病院	射水市朴木20番地	H30.9.6

富山大学附属病院連携登録医制度とは

医療機関の適切な役割分担を図り、地域の効率的な医療供給体制を確立するため、富山大学附属病院と地域の医療機関が患者の状態に応じ、お互いに患者の紹介、受け入れをスムーズに行っていく制度です。

本制度に賛同し、本院に登録いただいた保険医療機関を連携登録医と呼んでいます。

連携登録医一覧（病院、富山県内）

No	医療機関名	住所
1	有沢橋病院	富山市婦中町羽根新5
2	アルペンリハビリテーション病院	富山市楠木300番地
3	温泉リハビリテーションいま泉病院	富山市今泉220
4	医療法人社団　東方会 おおやま病院	富山市花崎85
5	かみいち総合病院	中新川郡上市町法音寺51
6	医療法人社団　基伸会　栗山病院	富山市開発133
7	厚生連滑川病院	滑川市常盤町119
8	独立行政法人国立病院機構富山病院	富山市婦中町新町3145
9	社会福祉法人恩賜財団済生会 富山県済生会富山病院	富山市楠木33-1
10	西能みなみ病院	富山市秋ヶ島145番1
11	杉野脳神経外科病院	富山市千石町六丁目3番7号
12	医療法人社団和敬会　谷野呉山病院	富山市北代5200
13	富山医療生活協同組合富山協立病院	富山市豊田町1丁目1−8
14	富山県健康増進センター	富山市蜷川373
15	富山県立中央病院	富山市西長江2-2-78
16	富山県リハビリテーション病院・こども支援センター	富山市下飯野36
17	富山市立富山市民病院	富山市今泉北部町2-1
18	医療法人社団城南会 富山城南温泉病院	富山市太郎丸西町1丁目13番6
19	富山赤十字病院	富山市牛島本町2-1-58
20	富山市立富山まちなか病院	富山市鹿島町2-2-29
21	流杉病院	富山市流杉120
22	医療法人財団恵仁会　藤木病院	中新川郡立山町大石原225番地
23	不二越病院	富山市東石金町11-65
24	医療法人社団友愛病院会 友愛温泉病院	富山市婦中町新町2131
25	特定医療法人財団博仁会 横田記念病院	富山市中野新町1-1-11
26	厚生連高岡病院	高岡市永楽町5-10
27	社会福祉法人恩賜財団済生会 富山県済生会高岡病院	高岡市二塚387-1
28	医療法人社団整志会 沢田記念高岡整志会病院	高岡市大手町8番31号
29	高岡市民病院	高岡市宝町4-1
30	医療法人社団紫蘭会　光ヶ丘病院	高岡市西藤平蔵313
31	独立行政法人国立病院機構北陸病院	南砺市信末5963
32	市立砺波総合病院	砺波市新富町1-61
33	南砺市民病院	南砺市井波938
34	公立南砺中央病院	南砺市梅野2007-5
35	公立学校共済組合　北陸中央病院	小矢部市野寺123
36	あさひ総合病院	下新川郡朝日町泊477
37	黒部市民病院	黒部市三日市1108-1
38	独立行政法人労働者健康安全機構 富山労災病院	魚津市六郎丸992
39	丸川病院	下新川郡入善町青島369−1
40	医療法人社団 平成会 桜井病院	黒部市荻生6675番地5
41	医療法人社団尽誠会　野村病院	富山市水橋辻ケ堂466-1
42	医療法人社団佐伯メディカルグループ 佐伯病院	富山市中川原43-1
43	医療法人社団にしの会 西野内科病院	小矢部市本町6-30
44	医療法人真生会　真生会富山病院	射水市下若89-10
45	魚津緑ヶ丘病院	魚津市大光寺287

連携登録医一覧（病院、富山県外）

No	医療機関名	住所
1	国民健康保険　飛騨市民病院	岐阜県飛騨市神岡町東町725
2	新潟県厚生農業協同組合連合会 糸魚川総合病院	新潟県糸魚川市大字竹ケ花457-1
3	新潟県厚生農業協同組合連合会 上越総合病院	新潟県上越市大道福田616
4	金沢医科大学病院	石川県河北郡内灘町大学1-1
5	石川県立中央病院	石川県金沢市鞍月東2-1

連携登録医一覧（医院、クリニック、診療所等）

No	医療機関名	住所
1	青山内科	魚津市仏田3303
2	いなば小児科医院	魚津市本新町21-2
3	医療法人社団　大﨑医院	魚津市北鬼江2-12-26
4	医療法人社団　大城眼科医院	魚津市末広町3-22
5	平野クリニック	魚津市本江1399
6	宮本内科小児科医院	魚津市新角川1-7-22
7	岩井整形外科医院	黒部市堀高35
8	岩田クリニック	黒部市新牧野282-2
9	大橋耳鼻科・眼科クリニック	黒部市新牧野176
10	くらた皮ふ科クリニック	黒部市三日市2563-1
11	こいずみクリニック	黒部市牧野780-1
12	藤が丘クリニック	黒部市生地中区104-3
13	むらおかクリニック	黒部市生地神区370番地
14	柳沢眼科医院	黒部市堀切1743
15	川瀬医院	下新川郡入善町東狐1031
16	谷川クリニック	下新川郡入善町入膳7726
17	新田眼科	下新川郡入善町入膳7714-1
18	山本クリニック	下新川郡入善町入膳139-3
19	医療法人社団聖フランシスコ会 耳鼻咽喉科中川医院	下新川郡朝日町沼保974
20	島谷クリニック	下新川郡朝日町泊416-9
21	アイクリニック	富山市太郎丸西町2丁目8-6
22	青空クリニック	富山市堀141
23	あまつぶ内科クリニック	富山市赤田853
24	荒尾メディカルクリニック	富山市丸の内3丁目3-15
25	アルペン室谷クリニック	富山市東岩瀬町275番地
26	家城産婦人科医院	富山市花園町1丁目3-3
27	いき内科クリニック	富山市呉羽町6302-8
28	石金内科医院	富山市西長江4丁目8-30
29	上野医院	富山市下新本町4-30
30	江尻内科医院	富山市布瀬町南1丁目16-1
31	大野胃腸科外科医院	富山市赤田778
32	おおはし皮ふ科クリニック	富山市山室5-1
33	岡本眼科	富山市天正寺311-1
34	おぎの内科医院	富山市本郷47-1
35	おくむらクリニック	富山市上赤江町2丁目1番28号
36	おだふれあいクリニック	富山市鍋田17-10
37	片口眼科クリニック	富山市弥生町2-3-6
38	片山眼科医院	富山市五番町3-1
39	加藤泌尿器科医院	富山市本郷町59-3
40	かね医院	富山市中川原新町65
41	かみやま眼科	富山市呉羽町7223-5
42	医療法人社団めぐみ会 かみやま脳神経クリニック	富山市上袋358
43	河上内科医院	富山市舟橋南町6-15
44	川崎内科医院	富山市月岡東緑町3-1
45	かんすいこうえん レディースクリニック	富山市下新町18番3号
46	きたがわ整形外科医院	富山市町村2-15
47	くまのクリニック	富山市悪王寺41-1
48	呉羽矢後医院	富山市吉作4261-4
49	くれよん在宅クリニック	富山市黒崎373-2
50	小嶋ウィメンズクリニック	富山市五福521-1
51	こばやし眼科クリニック	富山市上袋531-1
52	こばやし耳鼻咽喉科クリニック	富山市五福5242-6
53	佐伯クリニック	富山市栃谷200-2
54	里村クリニック	富山市稲荷元町2丁目1-12
55	柴田内科クリニック	富山市町村237-1
56	嶋尾こどもクリニック	富山市北代5293
57	島耳鼻咽喉科医院	富山市上本町5-29
58	清幸会　島田医院	富山市永楽町41番22号
59	十二町クリニック耳鼻いんこう科	富山市堀川本郷160-71
60	医療法人社団城南会 城南内科クリニック	富山市太郎丸西町1丁目6-6
61	女性クリニックWe富山	富山市根塚町1-5-1
62	城石内科クリニック	富山市桜町2-1-10　陽光堂ビル4F
63	新庄内科クリニック	富山市荒川2丁目23-10
64	しんたにこどもクリニック	富山市長江新町2-2-38
65	医療法人社団　関クリニック	富山市久方町9-41
66	セキひふ科クリニック	富山市呉羽町7331
67	高重記念クリニック	富山市元町2-3-20 わかばメディカルホールディングスビル1F
68	たかた眼科	富山市金代343-1
69	高野耳鼻咽喉科医院	富山市石金3-1-39
70	高橋医院	富山市本郷町196
71	たぐちクリニック	富山市本郷新12-1
72	竹内スリープメンタルクリニック	富山市弥生町2-4-22
73	土田内科医院	富山市栄町二丁目2-3
74	寺島医院	富山市下奥井1-23-50

No	医療機関名	住所
75	富山医療生活協同組合 富山診療所	富山市千石町2-2-6
76	富山市まちなか診療所	富山市総曲輪四丁目4番8号
77	富山中央診療所	富山市掛尾町500
78	豊田魚津クリニック	富山市豊田463-1
79	内藤内科クリニック	富山市町村2丁目196
80	ながた裕子眼科	富山市千代田町1-32
81	長森興南クリニック	富山市蜷川11-4
82	中山整形外科クリニック	富山市花園町3丁目8-15
83	にしだ内科クリニック	富山市城川原一丁目17-27
84	西邨内科医院	富山市西町9-4
85	にった内科クリニック	富山市秋吉113-7
86	ぬのせ内科クリニック	富山市布瀬本町12-4
87	布谷整形外科医院	富山市西四十物町3-8
88	羽柴整形外科	富山市下堀10-3
89	八田眼科医院	富山市西長江1丁目1-5
90	医療法人社団 早瀬整形外科医院	富山市奥田本町2-16
91	東岩瀬クリニック	富山市高畠町1-11-11
92	東とやまクリニック	富山市東富山寿町3丁目12-21
93	平田眼科医院	富山市上飯野13-19
94	ふるた皮ふ科ひ尿器科 クリニック	富山市上飯野13-14
95	古屋医院	富山市南新町5-15
96	星井町こころのクリニック	富山市星井町2-17-39泉ビル2F
97	堀川篁内科外科医院	富山市堀川小泉町1丁目17の7
98	ほんだクリニック	富山市丸の内2丁目3-8
99	本多内科医院	富山市白銀町10-13
100	前川クリニック	富山市石坂2026-1
101	まきのクリニック	富山市本郷町5区130-10
102	ますだ眼科医院	富山市元町1-2-11
103	桝谷胃腸科内科クリニック	富山市新富町1丁目1番4号 α-1ホテル1F
104	桝谷整形外科医院	富山市丸の内3-3-22
105	松井内科医院	富山市山室180-1
106	まつおか内科医院	富山市長江1丁目5-15
107	松岡内科胃腸科クリニック	富山市上飯野1-3
108	松野リウマチ整形外科	富山市呉羽町7187-2
109	みずの眼科クリニック	富山市蜷川11-3
110	富山医療生活協同組合 水橋診療所	富山市水橋館町59-1
111	みのうち内科クリニック	富山市掛尾町56-1
112	宮本内科外科胃腸科クリニック	富山市願海寺397-3
113	ミワ内科クリニック	富山市新富町1丁目4-3
114	むらかみ小児科アレルギー クリニック	富山市上飯野32-10
115	本江整形外科医院	富山市奥田新町17-1
116	八木小児科医院	富山市奥田寿町7番14号
117	やしま整形外科クリニック	富山市上飯野13-16
118	八尾総合病院附属神通眼科 クリニック	富山市神通本町2-5-1
119	やまだホームケアクリニック	富山市高屋敷65番地1
120	山田祐司眼科医院	富山市堀川小泉町1丁目1番地5号

No	医療機関名	住所
121	山西医院	富山市牛島本町2-6-8
122	山本医院	富山市安野屋町2丁目2-3
123	山脇医院	富山市大町14-2
124	四方クリニック	富山市四方北窪盆作2120-2
125	吉田内科クリニック	富山市吉作355
126	吉山医院	富山市下大久保1055
127	わかぐり内科医院	富山市呉羽町7054
128	わかばクリニック	富山市山室264-7
129	和合整形外科医院	富山市布目1981-1
130	わたなべ医院	富山市有沢198-1
131	えりこ皮ふ科クリニック	富山市婦中町分田75-8
132	こまた眼科	富山市婦中町板倉472
133	すざき子ども医院	富山市婦中町砂子田38-6
134	高峰クリニック	富山市婦中町板倉463-1
135	内科小児科中田医院	富山市婦中町分田254
136	長田整形外科クリニック	富山市婦中町上轡田636
137	南洋クリニック	富山市婦中町下轡田179-3
138	藤下内科クリニック	富山市婦中町砂子田59-8
139	蛍川クリニック	富山市婦中町板倉266-1
140	山本内科医院	富山市婦中町速星813
141	吉田耳鼻咽喉科医院	富山市婦中町下轡田851
142	大沢野クリニック	富山市上二杉420-2
143	大沢野中央診療所	富山市上大久保1570-1
144	くぼ小児科クリニック	富山市上二杉420-1
145	柳瀬医院	富山市笹津826番地
146	岩佐医院	富山市八尾町上新町2805
147	萩野医院	富山市八尾町福島4-151
148	荒川内科クリニック	滑川市下小泉町1-1
149	石坂眼科医院	滑川市四間町647番地
150	加積クリニック	滑川市堀江182-1
151	くるまたにクリニック	滑川市上小泉395
152	長崎耳鼻咽喉科医院	滑川市上小泉278-1
153	中村内科医院	滑川市中川原188-1
154	毛利医院	滑川市四間町527
155	山崎眼科医院	中新川郡上市町横法音寺30
156	渡辺整形外科医院	中新川郡上市町上法音寺12
157	黒田内科医院	中新川郡立山町五百石218
158	五百石整形外科医院	中新川郡立山町五百石184
159	あいARTクリニック	高岡市下伏間江572番地
160	雨晴クリニック	高岡市太田桜谷23-1
161	五十嵐内科医院	高岡市駅南3-9-14
162	いしだクリニック	高岡市戸出町3丁目17-25
163	石橋耳鼻咽喉科医院	高岡市旭ケ丘74-35
164	稲尾医院	高岡市伏木本町3-20
165	上野医院	高岡市木津603
166	大角耳鼻咽喉科医院	高岡市大坪町1-1-6
167	大島ひふ科医院	高岡市木津1277-4
168	おとぎの森レディースクリニック	高岡市佐野1316番地1
169	木谷内科クリニック	高岡市戸出5丁目3-57
170	キタノ整形外科クリニック	高岡市蓮花寺564番地1
171	越田内科クリニック	高岡市五福町2-20
172	こしぶ眼科クリニック	高岡市野村415-4

No	医療機関名	住所
173	斉藤眼科医院	高岡市末広町14-27
174	さかい内科クリニック	高岡市東上関305-1
175	さのクリニック	高岡市佐野919-3
176	耳鼻咽喉科なかむら医院	高岡市駅南3-6-25
177	清水内科循環器科クリニック	高岡市金屋町12-3
178	白川クリニック	高岡市戸出町3丁目19-50
179	杉森クリニック	高岡市上四屋3-8
180	瀬尾内科医院	高岡市戸出町3-1-56
181	千羽・矢野眼科といで医院	高岡市戸出町5丁目5番79号
182	宗玄医院	高岡市東下関1-1
183	高岡駅南クリニック	高岡市駅南3-1-8
184	高岡市きずな子ども発達支援センター	高岡市江尻279
185	高岡リウマチ整形外科クリニック	高岡市京田473-1
186	高の宮医院	高岡市末広町13-15
187	竹越内科クリニック	高岡市野村377-7
188	立浪眼科医院	高岡市金屋町10-29
189	田中内科クリニック	高岡市早川517
190	たみの医院	高岡市江尻白山町51-1
191	内科小児科井川クリニック	高岡市大坪町1-2-3
192	なのはなクリニック	高岡市戸出町3-24-56
193	なるせクリニック	高岡市下麻生496
194	林内科医院	高岡市中島町3－17
195	はやみ眼科医院	高岡市米島446-4
196	医療法人社団小島医院 泌尿器小島医院	高岡市東中川町6-10
197	皮膚科ちえこクリニック	高岡市福岡町福岡新147
198	広小路神経内科クリニック	高岡市丸の内7-1 朝日生命高岡ビル1階
199	福岡町たぐちクリニック	高岡市福岡町荒屋敷630
200	福尾眼科医院	高岡市蓮花寺38-1
201	宝田内科クリニック	高岡市中曽根2839
202	宮島医院	高岡市常国387
203	村井医院	高岡市姫野401
204	吉田内科小児科	高岡市木町1
205	若草クリニック	高岡市中川園町3-5
206	わだ小児科クリニック	高岡市広小路6-1広小路ビル1F
207	赤江クリニック	射水市堀岡310
208	浅山外科胃腸科医院	射水市八塚478-2
209	梅崎クリニック	射水市海老江1242-1
210	尾島外科胃腸科医院	射水市桜町16-18
211	木戸クリニック	射水市朴木244
212	越野医院	射水市立町2-41
213	佐野内科クリニック	射水市黒河新4808
214	渋谷クリニック	射水市戸破3860-1
215	白やぎ在宅クリニック	射水市東太閤山4-60
216	富川クリニック	射水市南太閤山3-1-15
217	ながさきクリニック	射水市赤井40-5
218	中新湊内科クリニック	射水市中新湊7-19
219	はぎの里クリニック	射水市加茂西部63-1
220	ひのき整形外科	射水市善光寺22-14
221	松本医院	射水市三ヶ3268

No	医療機関名	住所
222	皆川医院	射水市海老江232
223	矢野神経内科医院	射水市本町1丁目13-1
224	狩野眼科医院	氷見市伊勢大町1丁目11-28
225	河合内科医院	氷見市中央町12-8
226	佐伯レディースクリニック	氷見市窪660
227	澤武医院	氷見市幸町1-13
228	嶋尾内科医院	氷見市阿尾928
229	白石整形外科医院	氷見市柳田2011-2
230	てらにし耳鼻咽喉科クリニック	氷見市本町7番24号
231	新鞍小児科医院	氷見市南大町11-20
232	西野医院	氷見市窪1076-1
233	福田内科医院	氷見市丸の内5-17
234	正橋皮膚科医院	氷見市丸の内15-23
235	おおた内科クリニック	砺波市庄川町青島701-1
236	医療法人社団力耕会 金井医院	砺波市深江1丁目210
237	かねきホームクリニック	砺波市本町7-11
238	医療法人社団和康会 河合医院	砺波市中央町1-2
239	桐沢医院	砺波市本町13-7
240	けやきひふ科	砺波市となみ町11-11
241	髙橋外科医院	砺波市寿町2番40号
242	医療法人社団寿恵会 津田産婦人科医院	砺波市杉木4丁目69番地
243	砺波医療圏急患センター	砺波市新富町1番61号
244	とよだ眼科クリニック	砺波市太郎丸1-8-2
245	仲村皮膚科医院	砺波市永福町5-30
246	藤井整形外科医院	砺波市栄町613
247	伏木医院	砺波市宮丸568
248	ものがたり診療所	砺波市山王町2番12号
249	ものがたり診療所　太田	砺波市太田1655
250	ものがたり診療所　庄東	砺波市宮森461
251	やました医院	砺波市永福町5-11
252	山本内科医院	砺波市出町中央6-14
253	ゆあさ眼科	砺波市大辻619
254	井上内科医院	小矢部市今石動町1丁目5-27
255	大野クリニック	小矢部市小矢部1-1
256	小矢部たがわ眼科	小矢部市小矢部町7-12
257	桜井眼科医院	小矢部市西町2-32
258	沼田医院	小矢部市石動町8-36
259	ひがき皮フ科	小矢部市石動町8-28
260	村田医院	小矢部市本町1番13号
261	川口眼科医院	南砺市福光1669-2
262	柴田医院	南砺市松原新1425番地
263	富田整形外科クリニック	南砺市福光443-2
264	中田内科医院	南砺市福光173-8
265	南砺家庭・地域医療センター	南砺市松原577
266	南砺市上平診療所	南砺市西赤尾町177
267	南砺市利賀診療所	南砺市利賀村25
268	根井クリニック	南砺市野田1360番地
269	花の杜石坂内科醫院	南砺市井波1440
270	森田眼科医院	南砺市福野1527
271	医療法人社団　山之内医院	南砺市やかた223-1

索引

症状、検査・診断方法、疾患名、治療方法やケアなどにかかわる語句を掲載しています。（読者の皆さんに役立つと思われる箇所に限定しています）

射水市民病院

〒934-0053 富山県射水市朴木20番地
TEL 0766-82-8100

診療科目	内科・循環器内科・外科・整形外科・泌尿器科・小児科・皮膚科・脳神経外科・婦人科・眼科・耳鼻咽喉科・歯科口腔外科・麻酔科・放射線科
診療時間	8:30～16:00（診療科により異なります）

当院は富山県の中央にある射水市唯一の公立病院として救急・地域医療を担っています。災害に強く開放的な環境を保持し、富山大学附属病院との連携を密にしつつ、患者さんへの最適な地域医療の提供を心がけています。

西能病院
SAINOU HOSPITAL

〒930-0866 富山市高田70番地
TEL076-422-2211

診療科目	整形外科・リハビリテーション科・内科・麻酔科
診療時間	8:30～11:30　15:00～17:00

当施設は整形外科に特化し、年間約1,700例の手術を行う高度な医療機能と快適な療養環境を備えています。併設の整形外科センター西能クリニックと連携し、専門性の高い診療を提供いたします。

医療法人社団 藤聖会・親和会

富山西総合病院
TOYAMA NISHI GENERAL HOSPITAL
富山西リハビリテーション病院
TOYAMA NISHI REHABILITATION HOSPITAL

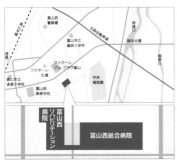

富山市婦中町下轡田
https://toyama-nishi.jp

富山大学附属病院と連携し、地域に貢献します

急性期から回復期、在宅医療、介護まで
切れ目のない医療を提供し、
地域の隣人として皆様に寄り添います。

――――――――― 藤聖会グループ ―――――――――

＜病院＞	＜クリニック＞	＜老人保健施設＞
八尾総合病院／チューリップ長江病院	五福脳神経外科／女性クリニックWe富山	風の庭／チューリップ苑
	神通眼科クリニック／金沢メディカルステーションヴィーク	つるぎの庭／こぶしの庭

独立行政法人地域医療機能推進機構（JCHO）
高岡ふしき病院

〒933-0115 高岡市伏木古府元町8-5
TEL 0766-44-1181

診療科目	内科、呼吸器内科、脳神経内科、循環器内科、消化器内科、糖尿病・内分泌・代謝内科、リウマチ科、外科、脳神経外科、整形外科、小児科、婦人科、眼科、耳鼻咽喉科、放射線科、皮膚外来、泌尿器外来、もの忘れ外来、肝臓外来
診療時間	月～金曜、第2・4土曜　8:45～12:00　月～金曜　14:00～17:00

当院は、パーキンソン病などの神経疾患、心不全、呼吸不全、消化器疾患、誤嚥性肺炎、認知症、さらに脳卒中や骨折パスなど、高齢者医療を総合的に実践し、「地域包括ケアシステム」の中心的役割を担っています。

新潟県厚生農業協同組合連合会
糸魚川総合病院

〒941-8502 新潟県糸魚川市大字竹ヶ花457番地1
TEL 025-552-0280

診療科目	内科・循環器内科・消化器内科・小児科・外科・消化器外科・脳神経外科・産婦人科・耳鼻咽喉科・眼科・整形外科・皮膚科・泌尿器科・精神科・麻酔科・心臓血管外科・呼吸器外科・放射線科・リハビリテーション科・救急科・歯科
診療時間	8:30～17:00（土日・祝日・年末年始を除く）

糸魚川地域唯一の基幹病院として救急の9割を受け入れ、急性期・回復期・慢性期・在宅支援のすべてに対応しています。災害拠点病院・へき地中核病院機能を有し、研修医教育にも力を入れています。

医療法人社団信和会 魚津神経サナトリウム

〒 937-0017 魚津市江口 1784-1
TEL 0765-22-3486

診療科目 精神科・神経科
診療時間 8:30 〜 12:00　木・日曜・祝日休診

慈愛と奉仕の心をもって共生社会の実現に貢献していきます。外来診療をはじめ、心の病気や悩みのある方の医療福祉相談、状況に応じて薬のことを正しく知ってもらう活動、集団生活を通じて社会復帰を目指すデイケア、作業療法、栄養指導、訪問看護などを行っています。

おおやま病院

〒 930-1326　富山市花崎 85 番地
TEL 076-483-3311

診療科目 内科(一般内科・糖尿病専門)・消化器内科・循環器内科・整形外科・リハビリテーション科
診療時間 月〜金曜　9:00 〜 12:30　14:00 〜 18:00
土曜(第 1・3・5)　9:00 〜 12:00

当院は、富山市南東部にある療養型病院です。病床数は、医療48床・介護58床で外来診療にも力を入れています。訪問診療・訪問看護・訪問リハビリも行い、在宅医療に対応し地域医療への貢献を目指しています。

温泉リハビリテーションいま泉病院

〒 939-8075 富山市今泉 220 番地
TEL 076-425-1166

診療科目 内科・リハビリテーション科・精神科(高齢心療科)
診療時間 9:00 〜 12:00　13:00 〜 17:00

高齢者の心身特性に合わせて継続的な医学管理を行い、多職種連携で治療・リハビリを行います。利用者・家族の要望を考慮した、生活機能の維持向上を図り在宅復帰を目指します。終末期医療においても安らかな環境を提供します。

医療法人社団仁清会 グリーンヒルズ若草病院

〒 939-0405 射水市藤巻 51-2
TEL 0766-53-8811

診療科目 精神科・神経科・心療内科
診療時間 9:00 〜 12:00

当院は創設以来精神科医療を通して、地域医療・福祉の向上に全力を尽くしてまいりました。ますます高齢化する現代において、広く心身に障害を持たれる方々への医療・保健・福祉に積極的に取り組んでまいります。

黒部市民病院

〒 938-8502 黒部市三日市 1108 番地 1
TEL 0765-54-2211

診療科目 35 科(内科・循環器内科・呼吸器内科・消化器内科・腎臓内科・糖尿病 内分泌内科・血液内科・感染症内科・漢方内科・神経内科・リウマチ科・外科・消化器外科・乳腺外科・呼吸器外科・心臓血管外科・耳鼻いんこう科・小児科・産婦人科・皮膚科・眼科・整形外科・泌尿器科・放射線科・リハビリテーション科・脳神経外科・麻酔科・精神科・心療内科・歯科口腔外科・形成外科・臨床検査科・病理診断科・救急科)
診療時間 9:00 〜 17:00 (受付は 7:30 〜 11:00)

新川医療圏の高度急性期、急性期の患者を担う基幹病院として地域の医療・保健・福祉施設と連携し、5 疾病(がん、脳卒中、急性心筋梗塞、糖尿病、精神疾患)、5 事業(救急医療、災害医療、へき地医療、周産期医療、小児医療)の拠点病院として機能強化を図っています。

済生会高岡病院

〒 933-8525 高岡市二塚 387 番地 1
TEL 0766-21-0570

診療科目 内科、循環器内科、消化器内科、小児科、外科、整形外科、リウマチ科、脳神経外科、皮膚科、泌尿器科、産婦人科、眼科、耳鼻咽喉科、麻酔科、リハビリテーション科、放射線科、病理診断科、精神科(リエゾン)
診療時間 8:15 〜 11:30 (初診は 11:00 まで)
13:30 〜 16:30 (初診は 16:00 まで)
土・日曜・祝日、年末年始(12 月 29 日〜 1 月 3 日)休診

急性期病棟、地域包括ケア病棟、回復期リハビリテーション病棟を総合的に運用し、進展する超高齢社会と、医療機能の分化・連携に象徴される医療提供体制の変化に的確に対応し、地域の医療ニーズに応えてまいります。

済生会富山病院

〒 931-8533 富山市楠木 33 番地 1
TEL 076-437-1111 ㈹

診療科目	内・消内・循内・糖内・神内・小・外・消外・整・脳外・形外・皮・泌尿・産婦・眼・耳・麻・リハ・放・歯腔・病理　計21科
診療時間	8:30 ～ 12:30　13:30 ～ 17:00　＊受付時間は診療科によって異なります。ホームページをご確認ください

富山市北部に位置し、地域医療支援病院として、また脳卒中センターの運営や2次救急輪番も担当するなど、「地域住民の健康寿命の延伸」「健康障害を抱える人々の生活の質向上」を目指しています。

私たちは患者さん本位の心温まるすぐれた医療を提供します

西能みなみ病院

〒 939-8252 富山市秋ケ島 145 番地 1
TEL 076-428-2373

診療科目	脳神経外科・内科・整形外科・リハビリテーション科
診療時間	8:30～12:00　14:00～16:00(午後は脳神経外科のみ。予約制)

富山空港そばの医療療養型病院。1.5 テスラ MRI などの検査機器をそろえ、慢性疾患の治療や在宅復帰に向けたリハビリテーションに特長を有する医療・ケアを提供しています。

JA 長野厚生連
南長野医療センター篠ノ井総合病院

〒 388-8004　長野県長野市篠ノ井会 666-1
ＴＥＬ 026-292-2261

診療科目	内科、糖尿病・内分泌・代謝内科、心療内科、腎臓内科、呼吸器外科、心臓血管外科、精神科、呼吸器内科、消化器内科、循環器内科、リウマチ科、小児科、外科、消化器外科、整形外科、形成外科、脳神経外科、臨床検査科、皮膚科、泌尿器科、肛門外科、産婦人科、眼科、耳鼻咽喉科、リハビリテーション科、放射線科、麻酔科、救急科、病理診断科、歯科口腔外科
診療時間	9:00～17:00

長野市南部の基幹病院として急性期医療を担っています。また地域の方々が安心して生活できるよう、病院の基本理念である「患者本位の医療」を実践することにより、患者満足度の高い病院を目指しています。

新潟県厚生農業協同組合連合会
上越総合病院

〒 943-8507 新潟県上越市大道福田 616 番地
TEL 025-524-3000

診療科目	内科・呼吸器内科・消化器内科・腎 糖尿病内科・神経内科・循環器内科・小児科・外科・乳腺外科・呼吸器外科・脳神経外科・産婦人科・耳鼻咽喉科・眼科・皮膚科・整形外科・泌尿器科・リハビリテーション科・放射線科・放射線治療科・病理診断科・麻酔科・救急科・総合診療科・歯科口腔外科
診療時間	8:30 ～ 17:00

新潟県上越市にある急性期地域中核病院です。「人にやさしく、地域に開かれ、地域に貢献する病院」という理念を掲げ、地域密着型の病院を目指しています。厚生連病院として、保健・医療・福祉を一体的、総合的に担っていきます。

成和病院

〒 931-8431 富山市針原中町 336
TEL 076-451-7001

診療科目	内科・整形外科・リハビリテーション科・放射線科・透析センター
診療時間	外来　月～土曜　8:30 ～ 12:30　13:30 ～ 17:30（木・土曜は午後休診）　透析　月～土曜　8:00 ～ 17:00　夜間透析　月・水・金曜　17:00 ～ 23:00

当院は、医療療養40床(入院基本料I)と介護医療院33床(I型介護医療院サービス費I)を有し、人工透析センターでは25台の人工透析装置(うちオンラインHDF10台)を導入し4種類の透析治療が可能です。

高岡市民病院

高岡市民病院
Heart 心のかよいあう医療を。

〒 933-8550 高岡市宝町 4 番 1 号
TEL 0766-23-0204

診療科目	内科・精神科・神経内科・消化器内科・循環器科・リウマチ科・小児科・外科・整形外科・形成外科・脳神経外科・心臓血管外科・皮膚科・泌尿器科・産婦人科・眼科・耳鼻咽喉科・リハビリテーション科・放射線科・歯科口腔外科・麻酔科・病理診断科
診療時間	8:30 ～ 12:30　13:30 ～ 17:15　＊診療科によって異なります。詳しくはお問い合わせください。

急性期医療を担う地域の中核病院として、がんや循環器疾患などを中心とした高度急性期医療や、救急、精神科疾患、感染症対策といった政策的医療に取り組み、患者さん中心の安全・安心・納得の医療提供に努めています。

医療法人 社団 和敬会 谷野呉山病院

〒 930-0103 富山市北代 5200 番地
TEL 076-436-5800

診療科目	精神科・心療内科・内科
診療時間	9：00 ～ 12：30　13：30 ～ 17：00

当院は入院設備として精神科急性期治療病棟（60床）など全310床を有し、一般精神科外来の他に、アルコール依存症治療外来・禁煙外来・発達外来・物忘れ外来の専門外来を設置しています。外来担当医とは別に、担当医師が診察いたします。診察日時など、詳しくは当院までお問い合わせください。

医療法人崇徳会（すとくかい） 田宮病院

〒 940-2183 新潟県長岡市深沢町 2300 番地
TEL 0258-46-3200　　FAX 0258-46-7300
URL http://www.sutokukai.or.jp/tamiya-hp/

診療科目	精神科・内科・脳神経内科／もの忘れ外来・皮膚科・泌尿器科・婦人科・眼科・耳鼻咽喉科・総合診療科・整形外科・歯科
診療時間	9:00 ～（受付時間 8:30 ～ 11:30）

患者さん・ご家族を医療の中心におき、患者さん一人ひとりの人生の伴走者として、「患者さんが自分らしく生きていける」ようになるためのテイラーメイドの精神医療を提供していくことを病院のモットーとしています。

医療法人財団大西会 千曲中央病院

〒 387-8512 長野県千曲市大字杭瀬下 58
TEL 026-273-1212

診療科目	内科・消化器／肝臓内科・循環器科・外科・整形外科・脳神経外科・泌尿器科　他
診療時間	月～金曜 9:00 ～ 12:00　14:00 ～ 17:00 土曜　9:00 ～ 12:00

長野県千曲市の基幹病院として、二次救急医療を担いつつ、急性期から回復期、慢性期までの医療のほか、関連施設と連携した予防医療や介護福祉などを総合的に提供しています。2020 年消化器センターを開設しました。

市立砺波総合病院

〒 939-1395 砺波市新富町 1 番 61 号
TEL 0763-32-3320（代表）

診療科目	内科、脳神経内科、呼吸器内科、消化器内科、循環器内科、糖尿病・内分泌内科、腎臓内科、地域総合診療科、血液内科、感染症内科、東洋医学科、精神科、小児科、外科、整形外科、形成外科、脳神経外科、呼吸器外科、心臓血管外科、大腸・肛門外科、皮膚科、泌尿器科、産婦人科、眼科、耳鼻咽喉科、女性骨盤底再建センター、リハビリテーション科、放射線科、核医学科、放射線治療科、歯科口腔外科、麻酔科、緩和ケア科、内視鏡センター、脊椎・脊髄病センター、人工透析センター、口唇口蓋裂センター、病理診断科、検査科、化学療法室、救急科、へき地診療科、健診センター、脳内視鏡センター、乳腺センター
診療時間	8:30 ～ 17:15（受付は初診 8:15 ～ 11:00　再診 8:00 ～ 11:00） 休診は土・日・祝日・年末年始（12/29 ～ 1/3）

砺波医療圏の中核病院として高度医療・急性期医療・がん診療などを提供。内視鏡手術支援ロボット「ダ・ビンチ」を有し、訪問看護・居宅介護支援の充実も図っています。

富山医療生活協同組合 富山協立病院

〒 931-8501 富山市豊田町 1-1-8
TEL 076-433-1077

診療科目	内科・呼吸器科・消化器科・循環器科・整形外科・泌尿器科・耳鼻咽喉科・皮膚科・乳腺外科・こう門科・リハビリテーション科
診療時間	月～土曜　8:45 ～ 12:00　月・木曜　14:00 ～ 16:30 火曜　16:00 ～ 19:00　水・金曜　14:00 ～ 19:00（診療科により診療時間帯が違います）　土曜午後・日曜・祝日休診

「在宅を支援すること・かかりつけ医であること・健康づくりを勧めること」を病院の柱としています。他院や介護事業所などと"連携"を取りながら、地域で安心して療養できるようお手伝いします。

富山県リハビリテーション病院・こども支援センター

〒 931-8517 富山市下飯野 36 番地
TEL 076-438-2233

診療科目	【常設科】リハビリテーション科、内科、脳神経内科、小児科、整形外科、脳神経外科、歯科 【非常設科】泌尿器科、精神科、皮膚科、眼科、耳鼻咽喉科 【専門外来】義肢・装具、パーキンソン病、非侵襲的脳刺激治療、嚥下、糖尿病、甲状腺、腎臓・高血圧、手・足外科、リウマチ、子どもの心（児童精神）、てんかん、高次脳機能、ボツリヌス
診療時間	9:00～17:00（土・日曜・祝日・年末年始休診） ＊受付は8:30～11:00、13:00～15:00

誰もがその人らしく暮らせる共生社会を目指し、障害児・者の自立と社会参加に向けて総合的なリハビリテーションを推進し、地域社会に貢献するため高度専門的なリハビリテーション医療や障害児支援を提供します。

富山市立 富山市民病院

〒 939-8511 富山市今泉北部町 2 番地 1
TEL 076-422-1112

診療科目	内科・精神科・小児科・外科・整形外科・形成外科・脳神経外科・呼吸器 血管外科・皮膚科・泌尿器科・産婦人科・眼科・耳鼻いんこう科・放射線科・歯科口腔外科・緩和ケア内科・救急科
診療時間	9:00 〜 17:00 （診療科により異なります）

当院では、専門医による質の高い医療を提供しています。また、放射線治療装置などの医療器械の整備を進め、診療科や部門の壁を越えた専門職によるチーム医療に取り組んで、より質の高い医療を目指しています。

医療法人社団 城南会 富山城南温泉病院 富山城南温泉第二病院

〒 939-8271 富山市太郎丸西町 1-13-6
TEL 076-491-3366　076-421-6300

診療科目	内科（一般・透析）・リハビリテーション科
診療時間	9:00〜12:00　13:30〜17:00（透析23:00まで）

医療 149 床・介護 96 床の療養型病院に介護医療院（定員 64 名）を併設した医療機関です。県内外の患者様を受け入れ医療・介護のサポートをしています。医療病棟には在宅医療が困難な慢性期透析患者様も多数入院されています。

富山市立 富山まちなか病院

〒 930-8527 富山市鹿島町二丁目 2 番 29 号
TEL 076-423-7727

診療科目	内科・外科・整形外科・眼科・婦人科
診療時間	9:00〜12:00 13:00〜17:00（受付時間 8:30〜11:30 13:00〜16:00）＊診療科によって診療日と時間が異なります。ホームページをご確認ください。

市の中央部に位置する唯一の公的病院で、地域住民の皆様の "かかりつけ病院" として患者様のニーズに対応しています。一般診療のほか、人間ドックや各種健診業務も行っています。

独立行政法人　労働者健康安全機構

富山ろうさい病院

〒 937-0042 魚津市六郎丸 992 番地
TEL 0765-22-1280

診療科目	内科、呼吸器内科、消化器内科、循環器内科、脳神経内科、腫瘍内科、精神科、小児科、外科、消化器外科、乳腺外科、整形外科、形成外科、脳神経外科、皮膚科、泌尿器科、婦人科、眼科、耳鼻咽喉科、リハビリテーション科、放射線科、麻酔科、病理診断科
診療時間	新患　8:15〜12:00　再来　8:15〜12:00　13:30〜17:00（予約のみ）

平成 28 年 11 月に新病院に移転し、高度医療機器（320 列 CT、MRI、DSA）も新たに導入しました。新川地区の基幹病院として、一般診療、救急受入れはもとより、治療就労両立支援などの勤労者医療にも積極的に取り組んでいます。

医療法人財団 五友会

中村記念病院

〒 935-0032 氷見市島尾 825 番地
TEL 0766-91-1307

診療科目	内科・外科・整形外科・皮膚科・泌尿器科・耳鼻咽喉科・眼科・婦人科
診療時間	月〜土曜　9:00〜12:00　14:00〜18:00

上記診療科目のほかに、人工透析センターや健診センター、リハビリセンターを併設しています。また、禁煙外来や女性外来も開設しており、女性スタッフによる乳がん検診の実施など乳がんの早期発見、予防医学に力を入れております。皆様の健康管理を通して、豊かな地域社会づくりのお手伝いをさせて頂きます。

Nanto Municipal Hospital

南砺市民病院

〒 932-0211　南砺市井波 938 番地
TEL　0763-82-1475

診療科目	内科、外科、小児科、整形外科、眼科、泌尿器科、歯科口腔外科　他　全 25 科
診療時間	診療受付時間　平日 8:30〜11:30、13:00〜16:00（救急外来は、夜間・休日 24 時間体制で受け入れています。）

南砺市民病院は、「皆さまの意向を尊重した質の高い医療の提供により地域社会に貢献します」を基本理念に、「確かで温かい医療」を目指し、在宅復帰へ向けた患者支援体制を進め、市民が安心して暮らせるまちづくりに貢献します。

公立南砺中央病院

〒 939-1724 南砺市梅野 2007 番地 5
TEL 0763-53-0001

診療科目	内科、心療内科・精神科、呼吸器科、消化器科、循環器科、外科、整形外科、脳神経外科、小児科、皮膚科、泌尿器科、産婦人科、眼科、耳鼻咽喉科、リハビリテーション科、放射線科
診療時間	9:00～12:00　14:00～17:00　土曜・日曜・祝日・年末年始　休診

「地域の皆様の健康をささえ親切で信頼される医療を実践する」を基本理念に、一般病棟、地域包括ケア病棟、療養病棟を稼動しており、併設する訪問看護ステーションとの連携を密にし、在宅医療の推進も図っています。

新潟県立中央病院
Niigata Prefectural Central Hospital

〒 943-0192　新潟県上越市新南町 205 番地
TEL 025-522-7711

診療科目	内科、循環器内科、消化器内科、脳神経内科、外科、呼吸器外科、心臓血管外科、小児外科、整形外科、脳神経外科、形成外科、精神科、小児科、皮膚科、泌尿器科、産婦人科、眼科、耳鼻いんこう科、リハビリテーション科、放射線科、歯科口腔外科、麻酔科、病理診断科、救急科
診療時間	初診・再診受付：8：30～11：00（受付時間は診療科によって異なります。ホームページをご覧ください）

新潟県上越地方最大の基幹病院で、救命医療、がん医療、脳血管障害、周産期・新生児医療、人工透析などの地域最終医療センターの役割を果たしています。

野村病院

〒 939-3515 富山市水橋辻ヶ堂 466-1
TEL 076-478-0418

診療科目	内科
診療時間	8:30～12:00(受付は11:30まで)　13:00～17:00(受付は16:30まで)

当院は水橋駅前に位置し、全室個室。人工呼吸器・中心静脈栄養・酸素療法・悪性腫瘍・終末期などの紹介受け入れ、施設や在宅などからの肺炎・尿路感染症の短期入院も可。外来診療やリハビリテーションも行っております。

長谷川病院

〒 930-0065 富山市星井町 2-7-40
TEL 076-422-3040

診療科目	泌尿器科・腎臓内科
診療時間	月・水・金曜　9:00～12:00　15:00～18:00 火・木・土曜　9:00～12:00

北陸唯一の泌尿器科専門病院
基本理念：「こころのかよった診療を」「患者さま中心のより良い医療」
病院機能評価 Ver.1.0 認定
主な治療：結石破砕治療（ESWL）・前立腺肥大症治療（ThuVAP）・前立腺がん治療（ｻｲﾊﾞｰﾅｲﾌ）・人工透析

医療法人社団健心会 坂東病院

〒 939-0743 下新川郡朝日町道下 900
TEL 0765-83-2299

診療科目	循環器内科・消化器内科・人工透析科・心臓血管外科・放射線診断科・リハビリテーション科・内科・外科・小児科・整形外科
診療時間	月～金曜　8:30～12:00　15:30～19:00　土曜　8:30～12:00　13:30～16:00　日曜・祝日　8:30～12:00（但し盆、正月は除く）

地域に根ざした 24 時間体制の総合診療を提供し続けています。高度診療機器を駆使して、迅速かつ的確な診断をし、心臓・血管カテーテル治療、消化器内視鏡治療、人工透析治療をしています。

国民健康保険 飛騨市民病院

〒 506-1111 岐阜県飛騨市神岡町東町 725 番地
TEL 0578-82-1150

診療科目	内科・小児科・外科・整形外科・脳神経外科・心臓血管外科・眼科・耳鼻咽喉科・皮膚科・泌尿器科・婦人科・呼吸器内科・循環器内科・糖尿病内科・腎臓内科
診療時間	9:00～17:00　＊診療科によって診療時間が異なりますので、お問い合わせください

飛騨市民病院は、大学病院との連携により15の診療科を設置しており、MRI（1.5 テスラ）、CT（80列）、内視鏡（レーザー）などの検査機器を備えて岐阜県の最北端における地域医療を担っています。

医療法人財団北聖会　北聖病院

〒 930-0814 富山市下富居 2-1-5
TEL 076-441-5910

診療科目	内科・循環器内科・漢方内科
診療時間	月・火・水・金曜 9:00 〜 12:00　15:00 〜 18:00 木・土曜 9:00 〜 12:00

平成 31 年 2 月に新築移転しました。家族を安心して任せられる病院を目指し、思いやりと謙虚な心で人に接し、医療レベルの向上に日々心掛けています。また、健康診断にも力を入れ地域への貢献を願っております。

公立学校共済組合　北陸中央病院

〒 932-8503 小矢部市野寺 123
TEL 0766-67-1150

診療科目	内科・小児科・外科・脳神経外科・皮膚科・整形外科・泌尿器科・婦人科・眼科・耳鼻咽喉科・リハビリテーション科・放射線科・麻酔科・歯科口腔外科
診療時間	8:30 〜 12:00（受付は 8:30 〜 11:30、一部 〜 16:30） ※午後は診療科により異なりますのでお問い合わせください

小矢部市唯一の公的総合病院として地域医療に貢献しています。急性期・地域包括ケア・療養の病床を有し、多様な病期病態に対応しています。特に呼吸器外科領域、糖尿病に強みがあり健診事業も充実しています。

医療法人社団　松風会　松岡病院

〒 932-8525 小矢部市畠中町 4 番 18 号
TEL 0766-67-0025

診療科目	精神科・神経科・内科
診療時間	月〜金曜　8:30 〜 12:00 13:30 〜 17:30 土曜　8:30 〜 12:00 土曜午後・日曜・祝日休診

アウトレットパーク北陸小矢部から車で 5 分の場所にあります。地域に根ざしたアットホームな精神科医療を提供したいと願っており、精神科デイケア・グループホーム・訪問看護・就労支援も行っています。

特定医療法人社団　三医会　三輪病院

〒 939-8183 富山市小中 291
TEL 076-428-1234

診療科目	内科・精神科・外科・消化器内科・リハビリテーション科・耳鼻咽喉科・皮膚科
診療時間	月・火・木・金曜　9:00 〜 12:00　14:00 〜 17:00　水曜　9:00 〜 12:00 土曜・日曜・祝日休診（診療科によっては診療曜日・時間が異なる場合があります）

当院は、認知症治療病棟、療養病棟を有し、さまざまな職種スタッフが連携し患者様にサービス提供を行っております。患者様、ご家族様の心に寄り添い、信頼され安心できる入院環境の提供を目指しております。

特定医療法人財団博仁会　横田記念病院

〒 939-8085
富山市中野新町 1-1-11
TEL 076-425-2800
FAX 076-425-2809

富山の"まちなか"地域医療の新たな拠点として
みなさんに"選ばれる"医療機関を目指します

診療科目	内科・呼吸器内科・循環器内科・消化器内科・腎臓内科（人工透析）・放射線科
診療時間	月〜土曜　9:00 〜 12:30　14:00 〜 18:00 （木・土曜午後は休診）　日曜・祝日休診

●病床数：68(地域一般病床24、地域包括ケア病床10、療養34) ●透析装置40台(HD、HF、HDF、オンライン対応)、PTA対応 ●検査：レントゲン・CT・内視鏡・生化学・病理・生理機能・認知症検査(自由診療) ●訪問看護 ●リハビリ(理学、作業療法、訪問リハ) ●健診・がん検査 ●けんこう食堂

石坂眼科医院
ISHISAKA EYE CLINIC

〒 936-0035 滑川市四間町 647
TEL 076-475-0387
http://ishisaka-eye-clinic.com/

診療科目	眼科
診療時間	月〜土曜　9:00〜12:00　14:00〜18:00 （木曜は午後休診、土曜は16:00まで）

当院は地域に根差したクリニックを目指しており、最先端の設備・技術を積極的に取り入れ、丁寧かつ質の高い医療を提供しております。眼鏡処方・白内障・緑内障・黄斑変性症・ボトックス注射など、幅広く診療可能です。

かんすいこうえん
レディースクリニック

〒 930-0804 富山市下新町 18-3
TEL 076-431-0303

診療科目	産科・婦人科
診療時間	月・火・水・金曜　9:00 〜 12:00　15:00 〜 18:00　木・土曜　9:00 〜 12:00　日曜・祝日・年末年始休診　＊分娩・緊急時には、24 時間対応

男女 2 人の産婦人科専門医が常勤。患者さんのこころに寄り添うスタッフとともに、診察・治療・妊婦健診を行っています。安心とくつろぎを感じる空間で、ご家族の幸せの瞬間をサポートします。

こばやし眼科クリニック

〒 939-8071 富山市上袋 531-1
TEL 076-461-7842

診療科目	眼科
診療時間	9:00〜12:30　14:30〜18:00 木曜・土曜午後、日曜・祝日は休診

当院は日帰り白内障手術、霰粒腫等の手術、眼科レーザー治療に対応しています。検査機器をそろえ緑内障診療にも力を入れています。そのほか眼科診療一般、眼鏡処方、コンタクトレンズ処方各種も行っています。

佐伯クリニック
SC Saeki Clinic

〒 930-0163 富山市栃谷 200-2
TEL 076-436-2311

診療科目	外科・内科・小児科・消化器科・肛門科・アレルギー科・リハビリテーション科
診療時間	8:30 〜 12:30　14:00 〜 18:30（土曜午後は 14:00 〜 17:00）　木曜午後・日曜・祝日休診

当院は、X 線、心電図、24 時間心電図、超音波検査（甲状腺・乳房・腹部・心臓など）、内視鏡検査（上部・下部）、マルチスライス CT（頭部・冠動脈・腹部など全身）、骨塩測定、眼底カメラ、睡眠時無呼吸検査などを通して、基幹病院と連携し、皆さまの健康管理に貢献することを目指しております。

渋谷クリニック

〒 939-0351 射水市戸破 3860-1
TEL 0766-55-0025

診療科目	内科
診療時間	月〜土曜　8:30 〜 12:30　14:30 〜 18:30 （火曜午後　15:30 〜 18:30　水曜午後・土曜午後休診）

健康相談にも対応しています。気軽に来院ください。

清水小児科医院
医療法人社団

〒 933-0022 高岡市白金町 5-30
TEL 0766-21-8353

診療科目	小児科・内科・アレルギー科・血液科
診療時間	月・火・水・金曜　9:00 〜 18:30 土曜　9:00 〜 17:00　木曜　14:00 〜 18:00 日曜・祝日休診

高岡駅より徒歩 10 分の市内中心部です。感染症、喘息、花粉症、じん麻疹などのアレルギー、生活習慣病、夜尿症の診療、漢方薬による治療、海外留学などの予防接種も行っています。女性医師もおり、相談しやすいです。

白やぎ在宅クリニック

〒 939-0319 射水市東太閤山 4-60
TEL 0766-57-1355

診療科目	内科・外科
診療時間	月〜金曜　9:00 〜 17:00

在宅医療を中心に診療を行っている「強化型在宅療養支援診療所」です。24 時間、365 日対応の訪問診療、往診、訪問看護を行っております。在宅での看取りにも対応しています。外来は完全予約制です。

たかた眼科

〒 930-0926 富山市金代 343-1
TEL 076-422-3773

診療科目	眼科一般
診療時間	月・木・金曜　9:00 〜 12:00　14:30 〜 18:00　火・水・土曜　9:00 〜 12:00（土曜は 12:30 まで受付）　日曜・祝日休診

地域の方々が気軽に安心して受診できる眼科を目指します。金沢大学医学部附属病院、福井県立病院、富山県立中央病院などでの総合病院に求められる緊急かつ高水準の医療に従事した経験を、今後は地域医療に役立てます。

たてやまクリニック

〒 930-0252 中新川郡立山町日俣 235-8
TEL 076-464-1211

診療科目	内科・漢方内科
診療時間	9:00 〜 12:00　14:00 〜 18:00　木曜午後・土曜午後・日曜・祝日休診

エビデンス（科学的根拠）を重視する西洋医学と、自然と人間のバランスや体のバランスを大切にする患者様に優しい東洋医学のメリットを両方取り入れ融合させます。それによって患者様おひとりおひとりの個人差を重視し、その方に最適の治療を行う「オーダメイド医療」を目指します。

土田内科医院

〒 930-0032 富山市栄町 2 丁目 2-3
TEL 076-424-3217

診療科目	内科・消化器内科
診療時間	月・火・水・金曜　9:00 〜 13:00　15:00 〜 18:00　木・土曜　9:00 〜 12:00

近隣の地域の皆様の、健康で文化的な明るい生活を支えることができるように努めてまいりたいと思います。どうぞよろしくお願いいたします。
http://www.tsuchida-naika.com/

公益社団法人　富山市医師会
富山市・医師会急患センター

〒 939-8282 富山市今泉北部町 2 番地 76
TEL 076-425-9999

診療科目	当日の新聞等でご確認ください。
診療時間	

富山医療圏における休日および夜間に診療を行う初期救急医療機関として、365 日、毎日運営しております。市民の皆様に安心安全な医療を提供するとともに、信頼される医療機関となるよう日々努力しています。

公益社団法人　富山市医師会
富山市医師会健康管理センター

〒 930-0951 富山市経堂 4 丁目 1 番 36 号
TEL 076-422-4811

業務内容	検体検査・人間ドック・健康診断・特殊健診・ストレスチェック
業務時間	月〜土曜　8:00 〜 17:00

富山市医師会健康管理センターは、富山市医師会が昭和 44 年に創設した医療集団による健康づくりセンターです。皆様の「生涯の健康」を守ることを目的として健康事業を推進しております。

富山医療生活協同組合
富山診療所

〒 930-0066 富山市千石町 2-2-6
TEL 076-420-0367

診療科目	内科・消化器内科・呼吸器内科
診療時間	月〜土曜　9：00 〜 12：00　月・火・木曜 16：00 〜 18：00　日曜・祝日休診

1963 年の開業以来、地域に根差した診療所として地域医療を展開。「在宅支援診療所」として協力医療機関と 24 時間体制で在宅療養を支援。健康診断（胃内視鏡検査・各種超音波検査）も行っております。

萩野医院

〒 939-2376 富山市八尾町福島 4-151
TEL 076-454-6001

診療科目	胃腸科・外科・内科・肛門科・在宅診療（訪問看護・訪問リハビリテーション）
診療時間	月〜土曜　9:00〜12:00　14:00〜18:30（水・土曜は午後休診）

当院は、外来診療や往診など、住民の求めに応じて地域医療を行ってきました。現在は、グループホームや小規模多機能型施設など、医療と介護を連携し、その垣根を越えた支援を行っています。終末期の方も対応します。

福田内科医院

FUKUDA CLINIC

内科／糖尿病内科／消化器内科

〒 935-0017 氷見市丸の内 5-17
TEL 0766-72-5610

診療科目	内科・糖尿病内科・消化器内科
診療時間	9:00 〜 12:30・14:00 〜 18:00 木曜午後・土曜午後・日曜・祝日休診

院長：福田一仁（富山大学医学部臨床教授）
富山大学附属病院での糖尿病専門医・指導医の経験を生かして、患者さんのライフスタイルに沿った治療を心がけています。また、スポーツドクターとして、生活習慣病予防や高齢の方の運動指導も行っています。

✳ 水野クリニック

MIZUNO CLINIC

〒 939-2621 富山市婦中町富崎 166-1
TEL 076-469-9700

診療科目	内科・泌尿器科・皮膚科
診療時間	9:00 〜 12:00　14:00 〜 18:00

富山大学附属病院から約 6.0km、車で約 10 分のところにあります。大学病院とは、泌尿器科（院長：日本泌尿器科学会認定泌尿器科専門医）を中心として内科、皮膚科などで、医療連携・病診連携を行っています。

むらかみ小児科
アレルギークリニック

〒 930-0827 富山市上飯野 32-10
TEL 076-452-0708

診療科目	小児科・アレルギー科
診療時間	月〜金曜　8:30 〜 12:00　15:00 〜 18:00 （14:30 〜 15:00　予防接種、健診） 土曜　8:30 〜 12:00

小児科一般診療に加え、小児ぜんそく、食物アレルギーなどのアレルギー疾患を専門的にサポートします。何でも気軽に相談していただき、楽しい子育てを応援します！

山本医院

〒 930-0087 富山市安野屋町 2-2-3
TEL 076-432-8228

診療科目	泌尿器科・皮膚科・性病科・腎臓内科
診療受付	8:15 〜 11:30（木は 11：00）　13:00 〜 17:30 木曜午後・土曜午後・日曜・祝日休診

金沢大学附属病院、富山県立中央病院と 22 年間、泌尿器がん、腎移植を中心に泌尿器科専門医として勤務してきました。平成 16 年から当院 2 代目開業医として地域住民のため、泌尿器科、皮膚科疾患を診察しています。

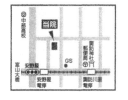

富山大学附属病院

〒930-0194　富山県富山市杉谷 2630 番地　TEL：076-434-2281（代表）
http://www.hosp.u-toyama.ac.jp/

■装幀／スタジオ ギブ
■カバーイラスト／祖父江ヒロコ
■本文ＤＴＰ／岡本祥敬（アルバデザイン）
■撮影／柴田竜一（柴田広告写真事務所）
■図版／岡本善弘（アルフォンス）
■本文イラスト／久保咲央里（デザインオフィス仔ざる貯金）
■編集／西元俊典　橋口 環　竹島規子

ここがすごい！
富山大学附属病院の先端医療

2020年6月1日　初版第1刷発行

編　著／富山大学附属病院
発行者／出塚太郎
発行所／株式会社 バリューメディカル
　　　　〒150-0043
　　　　東京都渋谷区道玄坂2-16-4 野村不動産道玄坂ビル2階
　　　　TEL　03-6679-5957
　　　　FAX　03-6690-5791
発売元／有限会社 南々社
　　　　〒732-0048　広島市東区山根町27-2
　　　　TEL　082-261-8243

印刷製本所／大日本印刷株式会社
＊定価はカバーに表示してあります。